# 食・農・環境と SDGs

古沢広祐 著

農文協

持続可能な社会のトータルビジョン

# はじめに──本書のねらい

　現代世界は、持続可能性の視点から根本的な転換を迫られている。人類の活動は、気候変動や生物多様性の危機など深刻な地球環境問題を引きおこし、国際的・国内的にも経済格差や社会的軋轢などさまざまな歪みを生じさせている。もはや個別の対症療法のような対応では、こうした矛盾を根本的には解決できないのではないかというのが、今の世界状況と言ってよいだろう。

　従来の学問の体制では、どちらかというと専門に分化しての対応として、個別事象について詳しく分析していく傾向が強い。「木を見て、森を見ず」のことわざのように、それだけでは全体状況の把握やそのダイナミックな動きを見失いやすい。本書の特徴は、個別的課題の分析のみならず相互関係に着目し、総合的にとらえて全体状況やその動態を理解する、諸課題を統合的に解きほぐす点にある。鳥の眼（総合知）と虫の眼（専門知）からの複眼的思考を心がけている。学問領域としては、自然、社会、人文をまたぐ広い学際的領域をカバーしている。

　そして、総合的視点からのアプローチとともに、研究者的な立場をこえて地球市民的なNGO活動にも関わってきた経験による、実践知的な立場からも執筆している。その点に関しては、20世紀終わりの1992年地球サミット（国連環境開発会議）への参加を契機に執筆した『地球文明ビジョン──「環境」が語る脱成長社会』（日本放送出版協会、1995年）に続く本として位置づけており、その続きの第2弾とみてもよい内容となっている。しかし、1992年当時に期待されたような明るい地球市民的な将来ビジョン（理想）は後退しており、より現実的で深刻な事態への処方箋を模索する内容となっている。

　20世紀末から21世紀にかけての激動の時代状況をふまえて、根源的な矛盾とその変革を視野に入れた分析と展望を見出すべく、本書はかなり長期的で全体的視点に立って執筆している。大きな全体枠組みに注目し、従来の発展パラダイムを相対化した上で、問題点を順次明らかにしていく。著者は、1992年地球サミットをはじめ、すべてではないが気候変動枠組み条約会議や生物多様性条約会議などに参加してきた。2015年国連総会での持続可能な開発目標（SDGs）を含む2030アジェンダ（後述）の採択の状況についても、現場の様子を観察し

てきた。長年にわたり環境や食・農の分野で国際的枠組み動向にコミットして
きたなかで、そこで目にしてきたことは、世界が持続可能性（サステナビリティ）
を中軸にして再編される歴史的潮流の存在である。さまざまな場面で持続可能
性への模索が続けられており、それらは火山噴火のマグマのごとく力を蓄積し
つつある。そうした諸潮流、諸動向に目を向けながら、長年、参与観察と研究
を続けてきた経緯をふまえて、持続可能性へのパラダイムシフトとトータルビ
ジョンについて、総合的に集大成を試みたのが本書である。

　強大な生産力を実現した人類は、グローバルに高度な社会経済システムを形
成してきた。それは一種の超有機的な構成体として個人、地域、国レベルを超
えて緊密に結びついて相互連関して存在している。私たちの生存と生活を支え
る重要領域をトータルに立体的・重層的に把握することにより、生活や地域そ
して地球レベルにまで深刻化している危機的状況を分析し、諸矛盾を克服する
手がかりを明らかにしていこう。
　その分析視角としては、パラダイム（世界認識の枠組み）やレジーム（諸体
制）という時代を大きく動かす中核的な潮流に着目し、より具体的には人間存
在の根底を支える食・農・環境をめぐる再編動向などについて問題状況を詳し
く分析していく。さらに持続可能性の基盤をなす環境・経済・社会の歯車をど
うかみ合わせるのか、社会経済体制について資本主義経済の矛盾構造を分析す
ることで、持続可能な社会への将来像を展望していく。
　構成としては、第Ⅰ部で全体状況について、とくにSDGsにつながる世界的
な展開をレジーム動向の視点から大きく描きだす。続いて第Ⅱ部では、より具
体的に環境や食・農をめぐるグローバリゼーションとローカリゼーションの相
克や矛盾克服の試みを国内外の事例をふまえて考察していく。そして第Ⅲ部で
は、資本主義社会という社会経済システムがはらむ構造的矛盾に焦点をあてて、
変革に向けたビジョンを提示し、終章で人類史的な視野から人間存在への根源
的問い（過去・現在・未来）に関する考察を試みる。
　世界状況をわかりやすく単純化して描けば、国際分業と大競争が地域性と自
然の循環を切断して大地との離反を促進していくのに対し、地球環境問題の深
刻化をくい止めるエコロジー運動の隆盛、地域コミュニティ・地域循環（調和）

型社会を形成する動きが、二極対抗的な傾向のなかで展開している。グローバル化（自然からの離別）とローカル化（自然への回帰）の対抗関係において出現する世界の姿については、相克のみならず相互作用のなかで相互革新を誘発させる側面も含んでいる。グローバル化の進行下でローカル性の内容が洗練・深化される側面も生じている。たとえば和食の見直しや昨今の海外から日本への観光客の増加現象などにおいて、矛盾をはらみつつも洗練されたローカル性を誘発していくダイナミズムを生じさせているのである。

　一極に偏重して極端に走るのではなく、相互調整の機能を社会経済システムのなかに再構築していく、「多様性の共存」の道こそが持続可能な社会のあり方として求められている。危機が深まる現代世界において、対立・敵対よりもさまざまな調整・拮抗的なバランス力の創出こそが、「グローカル」時代の共存・共生へのパラダイム展開を誘発させていくのである。

古沢広祐

# 目 次

# 第Ⅰ部

# 持続可能性・SDGsは
# どのように
# 世界展開したか

持続可能な社会形成に向かうさまざまな潮流について、SDGsをめぐる世界が
どう展開しつつあるか、その背景や課題について概況を述べる。
大まかなアウトラインとして全体状況の理解を意図してまとめたものである。

# ［ 1 ］

# 持続可能な開発目標（SDGs）の 登場と世界動向

## 1　時代の節目としての 2015 年の出来事

　2015年、9月に国連総会・サミットにおいて、SDGsを含む「持続可能な開発のための2030アジェンダ」(以下、2030アジェンダと略) が合意（採択）された。そして、同年12月には気候変動枠組み条約第21回会合（COP21）が開催されて、パリ協定が合意（採択）された。これらの2つの会合での決定は、21世紀の人類の動向を方向づける可能性を秘めた目標の提示であった。20世紀末から21世紀初頭にかけて、時代が不安定化する兆しを見せるなかで、希望の灯とでも呼べる動きと言ってよいだろう。両会合に参加したのだが、いずれも合意に至るまでの経緯をふり返ってみると、紆余曲折と薄氷をふむようなきわどさを何度も経てきた上で何とかたどり着いた着地点というのが正直な印象であった。その点については、不十分さはあるものの合意できたこと自体が大きな成果であり、ひとまず安堵したというのが偽らざる実感である。

　近年の全体的な時代状況は、国際的に政治面でも経済面でも暗雲が立ち込めており、国際協調の困難さが増している現実がある。諸矛盾や利害を解きほぐして、共通の土俵を浮かび上がらせて解決策を提示していくという点では、上記2つの合意はそれなりの大きな成果だった。とくにSDGsを含む2030アジェンダが、193加盟国の全会一致で採択された意義は大きい。ニューヨークの国連本部での会合には、日本政府代表団に入って環境NGO顧問として参加したが、参加加盟国が全会一致で採択したことは予想以上の成果であった。

　拘束力をもたない理念提示だったからと言ってしまえばそれまでだが、通常

は少数でも保留や反対が出がちである。今回の全会一致の決定事項は、罰則の
ないボランタリーな取り決めとは言うものの、2030年に向けた目標達成を毎年
報告し合うことから政治公約としての意味をもっている。SDGsの多岐にわたる
目標を見ればわかるが、国連の取り決め事項としてはきわめて野心的なもので
あり、理念提示としては地球市民としての一体感を醸成する可能性を秘めてい
る。この点に関しては、以下で詳細に見ていくが、ここではエピソードを2つだ
け紹介しておこう。

　2030アジェンダが合意された後、参加各国の代表が壇上にあがって一言ずつ
発言するセレモニー的場面があったのだが、そこで注目されたのが北朝鮮の登
壇であった。順番的には最後の方での発言だったが、北朝鮮の代表も壇上に上
がって賛同の意を表明したのである。今回の2030アジェンダとSDGsの目標、
その達成に向けては、形式的には北朝鮮も参加国であり同じ船に乗っているメ
ンバーであることについては留意しておきたい（呉越同舟かもしれないが）。

　もう一つの注目点は、SDGsの出生の経緯についてである。SDGsに関しては、
それ以前のMDGs（ミレニアム開発目標：2000年〜2015年、貧困撲滅など途
上国支援の目標）の後継として「ポスト2015年開発枠組み」として議論されて
きた。その流れが、大きくバージョンアップされ新しい潮流とも言うべきSDGs
として急展開したのは、2012年の国連持続可能な開発会議（通称「リオ＋20」、
1992年地球サミット後20年目の会合）であった。この会合にもNGOとして本
会議に参加したのだが、興味深かった点は、「リオ＋20」会合でSDGsを提起し
てリードしたのは、コロンビアやグァテマラなどの中南米の比較的中小の国だっ
たことである。

　SDGsの出所が、先進諸国でもなくブラジル・中国・インドといった新興諸
国でもなかった点については、一言説明しておきたい。SDGsの議論の当初は、
MDGsがSDGsに置き変わると途上国への支援体制（MDGsの中核）が弱めら
れてしまうといった拒否反応が出ていた。だが、先進国や新興国サイドではな
い経済的には周辺的位置にある中小途上国サイドからの提起とリードで進んだ
ことは着目すべき出来事であった。この点については、従来型の経済発展（先
進国の発展像）の矛盾をそのまま後追いするのではない、新しいビジョンを形
成すべき可能性としてSDGsが提起されたものとして、私にはとくに印象深かっ

た。その提案が会議中に徐々に支持を得ていき、2030アジェンダと具体的目標のSDGsへと結実していったのである。世界動向として、従来の発展枠組みを超えるべき新視点が、先進国や新興国とは一線を画す経済規模的に中小の国々から提起され、それが共感を得る状況が生まれるなかでSDGsが登場したのだった。今後の社会や発展のあり方への展望については、本書の中心テーマとして扱うが、SDGsの出生という点でも、注目すべき動きがあったことを指摘しておきたい。

　いずれにしても、諸課題を大きく包み込んで共通項として提示し、さまざまな主体の取り組みを可能とする道筋という点でも、SDGsはたいへん興味深い提起である。他方では、総花的な理想にすぎず絵に描いた餅ではないかといった批判もあるのだが、以下に述べるように長期的に持続可能性をめざす潮流として見るかぎり、新たな前進の第一歩だと考えられる。どんな点で前進なのか、以下に詳しく見ていこう。

## 2　国連の新目標、「我々の世界を変革する」の意味とは？

　国際連合（以下、国連）が2015年の国連総会において全会一致で採択したのが、2030アジェンダとそこに示された「持続可能な開発目標」（SDGs）である。SDGs（エスディジーズ）は、持続可能な世界を実現するために17の大目標（ゴール）と169の小目標（ターゲット）から構成されている。貧困・飢餓・格差・不平等の克服、男女平等・教育・雇用・生活の改善とともに、地球環境問題の解決をめざすものであり、しかも「誰も置き去りにしない」（leave no one behind）と誓う野心的な取り組みである。さらにSDGsは、途上国も先進国も世界が一丸となって取り組むべきことがめざされている（図 I − 1）。

　2030アジェンダのSDGsは、大きく5つのP（人々：People、地球：Planet、繁栄：Prosperity、平和：Peace、連携：Partnership）の理念からなり、17の目標で構成されている。前のMDGsの8つの目標の倍以上の目標が示され、包括的だが目標の多さで理解と普及に困難さをともなっている。17の目標をざっと整理すると、またがるものもあるが以下の4分野に類型化できる。とくに3分野（社会・経済・環境）は、持続可能な発展の基本的3要素として位置づけられる。

図1-1　SDGs（持続可能な開発目標）　　　　　　　　　（出所：国連広報センター）

・社会分野（1 貧困、2 飢餓、3 健康・福祉、4 教育、5 ジェンダー、10 不平等）
・経済分野（8 雇用・経済成長、9 インフラ・産業、11 居住・都市、12 消費・生産）
・環境分野（6 水・衛生、7 エネルギー、13 気候変動、14 海域、15 陸域）
・横断分野（16 制度・平和、17 世界連帯・協力）

　SDGsは理念先行の大風呂敷との批判的な見方に対して、戦後の国際社会が追求してきた諸課題を集約して明示したものであり、世界史的に見て重要かつ貴重な成果であると積極面を評価する見方もある。いわば両方の側面をもつのだが、実際上は、私たちがこれをどう活かしていけるかという視点が重要だと思われる。いわばあるべき社会の写し絵ないし鏡として見ることで、現実世界をかなり相対視できるのである。

　日本でも、政府や企業を中心にSDGsへの関心が高まりをみせてきている。その多くの場合は、広い分野をカバーする17の大目標（ゴール）を金科玉条のように掲げて、企業活動などを多面的に評価してゴールに紐づける試みとして展開されているかにみえる。従来のCSR（企業の社会的責任）を、より大きな

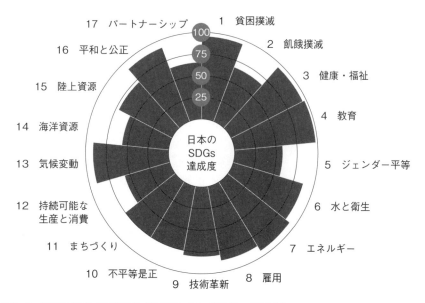

図Ｉ-2　日本のSDGs達成状況（世界ランキング15位、2018年）

（出所：Sustainable Development Report, 2019をもとに作成）

枠組みで評価し直すことはそれなりに意義深いことである。しかし、SDGsを含む2030アジェンダが提起されてきた背景、それがめざそうとしている世界について、十分な認識がなされているかと言えば心もとない面がある。

　とくに2030アジェンダに付けられたまくら言葉に注目すべきである。すなわち「我々の世界を変革する」(Transforming our world) を、あえて筆頭に付け加えた意味をどう理解し解釈するか、まさに「変革」の中身をどう認識するかが重要ではなかろうか。

　世界のSDGs達成度を比較したランキング（国連SDSNと独ベルテルスマン財団が毎年発表）では、日本は当初11位（2016年）だったが、その後の2ヵ年（2017年、2018年）は15位へと後退している。達成度が低いのが、ゴール5（ジェンダー平等）、ゴール12（持続可能な生産と消費）、ゴール14（海洋資源）、ゴール17（パートナーシップ）である（図Ｉ-2）。ちなみに上位は北欧の国々が占めており、いわゆる現在の大国は、米国35位、中国39位、ロシア55位となっている（2018

年）。持続可能な社会という新たな世界基準で見えてくる世界は、現状の世界とは一変したものなのである。[1]

　日本では、現在SDGs推進本部が内閣官房に設置されている。推進本部が掲げるSDGsアクションプランを見るかぎり、幅広い目標は掲げられているが科学技術イノベーションの活用（Society5.0）によるSDGs達成が大きな位置を占めており、SDGsが本来めざしている変革の方向性とのズレを感じざるをえない。いわばそのズレが世界ランキングでの低下にも反映していると思われる。

　それについては、旧来どおりの発展パターンの路線とくに成長戦略を掲げ、技術革新（イノベーション）に期待を寄せる発展モデルでしか未来を描けない限界性が垣間見えると言ってよかろう。SDGsには、各国の利害を上手に配慮して国連総会で全会一致の採択をみた経緯もあるので、いろいろな妥協や総花性もあることから理想化しすぎない注意も必要である。とは言うものの、世界動向においては人類的な理想の結実とでも言うべき側面をもっており、その革新的な意味合いを深くとらえて未来への道標とする可能性に着目すべきだと思われる。以下では、日本社会ではまだ認識が薄いSDGsの意義とその背景、めざしている方向に関して詳しく見ていくことにしたい。

　歴史をふり返ると、20世紀の末、世界は東西に分かれて対立した冷戦時代（米国と旧ソ連の対立）を終了させ、21世紀は地球市民社会の時代が到来するのではないかとの期待が高まった。しかし、21世紀を迎えて直後、2001年の同時多発テロ事件（9.11）や2008年の世界金融危機（リーマンショック）、さらに内戦と難民の増大やナショナリズム（自国第一、国益優先）の台頭などがおきており、世界は再び国際的に不安定な動きをみせている。不安定化しだした世界情勢を前にして、あらためて地球市民的なグローバル民主社会をどう実現していくかが問われているのである。

　人類史的な視点で時代的背景を見ていくならば、揺らぎだした世界に対し、あるべき行方を提示しようとする2030アジェンダやSDGsという共通目標は、きわめて積極的意味をもつのではなかろうか。以下では、そうした潮流の展開過程や課題について、とくにレジーム（国家を超えた枠組み）形成の視点から見ていくことにする。

# 3　誰も置き去りにしない！　2030アジェンダの核心

　2000年の「国連ミレニアム宣言」を契機に定められたMDGs（ミレニアム開発目標）、その流れを引き継いで「2030アジェンダ」が2015年国連サミットにて採択された（ここでの「　」はとくに強調の意味を込めた）。この2030年アジェンダに組み込まれたSDGs（持続可能な開発目標）は2016年にスタートした（目標年2030年）。この動きは、途上国の貧困解消と開発（南北格差問題）に重点を置いた開発の流れ（開発レジーム）に、1992年「地球サミット」（国連環境開発会議）を契機に主流化した持続可能性の流れ（環境レジーム）が合流し一体化する新段階を象徴した出来事ととらえることができる。

　こうした新潮流としての特徴とともに、もう一つ強調したい歴史的意義は、国連に代表される人間社会が長年追い求め、築き上げてきた共有価値の集大成ともいえる点である。それは、国連設立70周年という歩みとその周辺領域で展開されてきた市民社会の国際的な連帯の成果という側面である。戦後の激動する国際社会は、国際政治での国家間の攻防とともに紆余曲折をともないながら地球市民社会の形成を促す歩みを続けてきた。

　国連は、いわゆる中核のハードなコア（基幹部分）とソフトな領域（関連諸活動）があり、多面的に国際社会の諸課題について取り組んできた。ハードなコア部分とは、安全保障理事会のような第2次大戦下での国家連合としての基幹組織であるが、近年の複雑化し錯綜する問題に対応しきれない硬直性を引きずって

国連本部のビルと総会

（ニューヨーク2015年9月、筆者撮影）

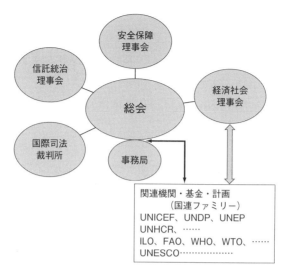

図I-3　国際連合組織の略図(国連組織図を参考に筆者作成)

いる。それに対してソフトな活動部分は、ユニセフ（UNICEF、国連児童基金）、UNDP（国連開発計画）、UNEP（国連環境計画）など関連する30近い諸機関・基金・計画が担っており、国連ファミリーないし国連システムと呼ばれている。多くの組織ができて、非効率・肥大化・官僚化しているとの批判や、地域の実情をふまえずに上からの一方的な押しつけが問題視されるケースも指摘されてきた。とは言うものの、諸課題に対して比較的柔軟に対応してきた側面もあることから一定評価できるだろう（図I－3）。

　2030アジェンダの文面をこまかく見ると、さまざまな分野で歴史的に積み上げられてきた成果の上に、未来世界が展望されていることがわかる。とくに20世紀から21世紀にかけての最大の課題とも言える人権、開発、環境問題などの分野に関しては、リオ宣言（1992年）、ミレニアム宣言（2000年）、そして今回の2030アジェンダに示されたような革新的な意味が込められてきた。それらは条約や協定とは違い、あくまで理念提示の取り組みである。それは法的な拘束力をもつハード（強固）な国際条約に対して、その外郭ないし外堀を築いてきたソフトな枠組みと考えられる。そこでは、国家中心の目先の利害を重視した枠組みを越える、人類の共有価値の形成とも言うべき理想が追求・蓄積されてきたのだった。

　2030アジェンダの政治宣言には、以下のように野心的で壮大な理念が書き込まれている。この宣言において、とくに注目すべき個所を抽出して見ていくことにしよう。

　（外務省・仮訳からの引用、（　）は仮訳用に付けられたもの。下線は筆者による。全訳は外務省・仮訳参照）[2]

## 【我々の世界を変革する：持続可能な開発のための2030アジェンダ】 宣言

～前略～

3.　（取り組むべき課題）我々は、2030年までに以下のことを行うことを決意する。あらゆる貧困と飢餓に終止符を打つこと。国内的・国際的な不平等と戦うこと。平和で、公正かつ包摂的な社会をうち立てること。人権を保護しジェンダー平等と女性・女児の能力強化を進めること。地球と天然資源の永続的な保護を確保すること。そしてまた、我々は、持続可能で、包摂的で持続的な経済成長、共有された繁栄及び働きがいのある人間らしい仕事のための条件を、各国の発展段階の違い及び能力の違いを考慮に入れた上で、作り出すことを決意する。

4.　（誰一人取り残さない）この偉大な共同の旅に乗り出すにあたり、我々は誰も取り残されないことを誓う。人々の尊厳は基本的なものであるとの認識の下に、目標とターゲットがすべての国、すべての人々及び社会のすべての部分で満たされることを望む。そして我々は、最も遅れているところに第一に手を伸ばすべく努力する。

～中略～

我々の世界を変える行動の呼びかけ

49.　（国連とそれを支える価値観）70年前、以前の世代の指導者たちが集まり、国際連合を作った。彼らは、戦争の灰と分裂から、国連とそれを支える価値、すなわち平和、対話と国際協力を作り上げた。これらの価値の最高の具体化が国連憲章である。

50.　（新アジェンダの歴史的意義）今日我々もまた、偉大な歴史的重要性を持つ決定をする。我々は、すべての人々のためによりよい未来を作る決意であ

る。人間らしい尊厳を持ち報われる生活を送り、潜在力を発揮するための機会が否定されている数百万という人々を含む全ての人々を対象とした決意である。我々は、貧困を終わらせることに成功する最初の世代になり得る。同様に、地球を救う機会を持つ最後の世代にもなるかも知れない。我々がこの目的に成功するのであれば2030年の世界はよりよい場所になるであろう。

51.（新アジェンダの歴史的意義）今日我々が宣言するものは、向こう15年間の地球規模の行動のアジェンダであるが、これは21世紀における人間と地球の憲章である。子供たち、若人たちは、変化のための重要な主体であり、彼らはこの目標に、行動のための無限の能力を、また、よりよい世界の創設にむける土台を見いだすであろう。

52.（人々を中心に据えたアジェンダ）「われら人民は」というのは国連憲章の冒頭の言葉である。今日2030年への道を歩き出すのはこの「われら人民」である。我々の旅路は、政府、国会、国連システム、国際機関、地方政府、先住民、市民社会、ビジネス・民間セクター、科学者・学会、そしてすべての人々を取り込んでいくものである。数百万の人々がすでにこのアジェンダに関与し、我が物としている。これは、人々の、人々による、人々のためのアジェンダであり、そのことこそが、このアジェンダを成功に導くと信じる。

53.（結語）人類と地球の未来は我々の手の中にある。〜後略〜

　以上を見てのとおり、〈あらゆる貧困と飢餓に終止符を打つ〉〈誰も取り残されない〉〈地球を救うための21世紀における人間と地球の憲章である〉、こうした事柄が高らかに明記されている。宣言に記載されている一つ一つの言葉を追い、その意味と由来を丹念にたどれば、これまでの国際的な諸活動の集大成的なものが結実している様子を読みとることができる。

## 4　教育・人権・社会面で注目する動き

　2030アジェンダに関しては、注目したいキーワードがいくつもあるが、その一つとして「inclusive：含み込む、包摂的な」という言葉を取りあげてみよう。全文では40ヵ所、17の大目標では6ヵ所ほどに記載されている。この言葉は、

表Ⅰ-Ⅰ　人権、教育、差別克服、インクルーシブ教育の世界動向　　　（筆者作成）

| 1948年 | 世界人権宣言（第26条） |
| --- | --- |
| 1952年 | ヨーロッパ人権条約（第一議定書） |
| 1966年 | 経済的、社会的および文化的権利に関する国際規約 |
| 1981年 | 女子差別撤廃条約 |
| 1982年 | 障がい者に関する世界行動計画 |
| 1990年 | 子どもの権利条約 |
| 1990年 | 万人のための教育世界会議（ジョムティエン） |
| 1993年 | 障がい者の機会均等化に関する基準規則 |
| 1994年 | サラマンカ宣言および行動枠組み（特別なニーズ教育に関する世界会議） |
| 2000年 | 世界教育フォーラム（ダカール） |
| 2006年 | 障がい者権利条約 |
| 2007年 | 先住民の権利に関する国連宣言 |
| 2015年 | 世界教育フォーラム（インチョン宣言：教育2030） |

（参考）

「万人のための教育」ダカール行動枠組み（6つの総合目標）2000年
・最も恵まれない子どもたちの就学前保育・教育の改善
・2015年までに、すべての人に無償の初等義務教育を実施
・すべての青年・成人の生活技能プログラムへの平等なアクセス
・2015年までに、成人識字率の50%改善を達成
・2015年までに、教育における男女格差を解消
・教育のすべての局面における質の測定可能な改善を実現

とくに教育や人権分野で、社会的弱者(障がい者を含む)など排除されてきた人々への社会的包摂として近年多用されるようになった用語である。国連との関わりについて、この分野の歴史的動向を見てみると、時代的な推移のなかで各種条約の成立とともに、2030アジェンダ（SDGs）に合流してきた様子を読みとることができる（表Ⅰ-1）。

多くの苦しみを生んできた差別・抑圧・社会的排除に、世界はどう対処してきたのだろうか。その筆頭に、戦後すぐに国連で採択された世界人権宣言(1948)があり、経済・社会・文化的権利の国際規約（1966）として進展し、より具体的には女子差別撤廃条約（1981）、子どもの権利条約（1990）、先住民の権利に関する国連宣言（2007年）、万人のための教育への一連の動き、そして障がい

者の権利に関する一連の動きや条約の成立を見てもわかるとおり、こうした積み上げが2030アジェンダには集約されているのである。教育に関して見ると、「万人のための教育」のダカール行動枠組み（2000年）、そしてインチョン宣言（教育2030、2015年）という流れがあり、MDGsやSDGsに影響し取り入れられてきた様子がわかる。

　注目したいのは、SDGsの根幹的な理念となった「誰も置き去りにしない」という標語に示されている視点である。その関連の一連の流れには、たとえばインクルーシブ教育（教育において障がい者を差別しない）を推進してきた運動があり、サラマンカ宣言（特別なニーズ教育に関する世界会議、UNESCO、1994年）として国際的に合意され、さらに障がい者権利条約の成立（2006年）と相まって、2030アジェンダに大きく影響してきたとみることができる。

　これらは一例であるが、世界が解決すべき諸問題への取り組みとして、2030アジェンダの文章があり、SDGsの17の大目標が集約されてきたのである。その背後には、上記のような幅広い国際的な運動や条約形成などの歩みの蓄積があり、それらの努力の積み重ねがアジェンダ文書と目標の各所に埋め込まれていることは、基本的認識として強調しておきたい。

　こうした動きは、諸分野、諸テーマのそれぞれにおいて多種多彩に展開されてきたのだった。そうした動きについて詳細に内容を検討することは、重要な作業であることから諸分野での研究に期待したい。ここでは、とくに筆者が重視してきたいくつかの動きを取りあげて、見ていこう。まず、雇用や経済活動を担う企業の役割の見直しとともに、あまり注目されてこなかった協同組合の取り組みなどから見ていくことにする。

# 5　重要な活動主体、企業、協同組合の取り組み

　持続可能な発展には、各国政府とともにさまざまな主体の積極的な関与が期待されている。とりわけ重要なのは経済を担う企業セクターの取り組みである。ここでは、とくに企業活動が持続可能性に基づいて行なわれるための指針について、簡単にふれることにしたい。世界経済は、国家を主体とする経済単位から徐々に多国籍企業を筆頭とする企業活動が国境を越えてグローバルに展開す

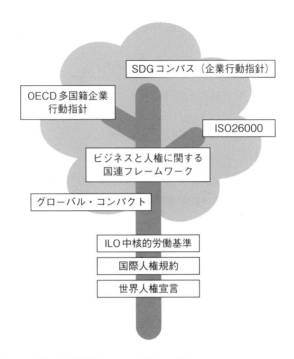

図 I–4　企業の行動指針をめぐる国際的な動き
（出所：アジア・太平洋人権情報センター（ヒューライツ大阪）「企業と人権に
関する基準」の図を一部加筆・修正　http://www.hurights.or.jp/japan/
aside/business-and-human-rights/guideline.html）

る時代を迎えている（第 I 部［1］、第Ⅲ部［4］にて詳述）。その意味では、持
続可能性を実現するための最大のステークホルダー（関係主体）は企業であり、
その活動内容をどのように持続可能性に近づけていくかが重要課題である。

　企業活動の社会的責任や持続可能性に関しては、GRI（Global Reporting
Initiative）などが持続可能性報告書づくりのためのガイドラインを公表してき
た。[3]また国連とその周辺の動きとしては、国連グローバル・コンパクト（2000年）
やISO26000（国際標準化機構の社会的責任規格、2010年）の取り組みがある。

　グローバル・コンパクト、ビジネスと人権に関する国連フレームワーク（ラギー
報告、2011年）、ISO26000、OECD多国籍企業行動指針（2011年改訂）などが、
一連の動きとして展開されてきており、そうした流れは図 I － 4 において読みと
ることができる。さらにこれらの動きは、SDGコンパス2015（「SDGsの企業行

動指針—SDGsを企業はどう活用するか—」）において、集約されたかたちで指針とガイドラインがまとめられている。[4] こうした動きを見るかぎり、企業行動をよりサステナブルに導くための基本認識や道標が順次示され整備されてきた様子がわかる。

　企業セクターとともに、あまり注目されてこなかった関連の経済主体として協同組合セクターがある。もともと資本主義経済においては、市場での自由競争と利潤追求が企業の最上位の活動目的として営まれてきたわけだが、環境への配慮や社会的配慮、社会的貢献が求められる時代を迎えており、経済主体の内実への問いかけもおきている。資本主義経済のなかで、ある種補完的な部分を担う組織形態として、利潤追求を求めずに人々の協同性（互恵性）と社会的課題に応えるべく生まれてきたのが協同組合という事業組織である。

　近年の経済的グローバリゼーションの進展によって、企業は過酷な市場競争の下でコスト削減やシェア拡大を迫られてきた。その結果として、弱小企業の統廃合やグローバル企業としての国際展開が進むとともに、巨額の投資マネーが利潤拡大を求めて世界を駆けめぐる金融（マネー）経済化を促進させてきた。そうした金融経済の歪みは、2008年リーマンショックと世界金融危機を招来させ、実体経済に深刻な打撃を与えるとともに格差拡大と貧困化に拍車をかける事態に至っている。

　こうした事態に対し、国連ではグリーンエコノミーの提唱とともに、協同組合セクターがはたす役割を見直すために2012年を国際協同組合年に定め、その役割に期待を寄せたのであった。2009年国連総会の宣言文には、以下のように記載されている。

「……協同組合は、その様々な形態において、女性、若者、高齢者、障がい者および先住民族を含むあらゆる人々の経済社会開発への最大限の参加を促し、経済社会開発の主たる要素となりつつあり、貧困の根絶に寄与するものであることを認識し、またあらゆる形態の協同組合による、世界社会開発サミット、第4回世界女性会議、第2回国連人間居住会議（ハビタットII）とその5ヵ年レビュー、世界食糧サミット、第2回高齢化に関する世界会議、開発資金国際会議、持続可能な開発に関する世界首脳会議、及び2005年世界サミットのフォローアップに対する重要な貢献と可能性を認識し、先住民族及び農村地域の社

会経済状況の改善において協同組合の発展が果たす可能性のある役割を評価し、……（中略）……2012年を国際協同組合年であると宣言……」

　（2012年を「国際協同組合年」とする国連総会宣言（JJC仮訳）2009年、より引用。下線は筆者。出典：http://www.iyc2012japan.coop/outline/declaration.html）

　世界の協同組合の連合組織である国際協同組合同盟（ICA）には、世界107ヵ国308団体、傘下の組合員は世界全体で12億人をこえており（2018年）、各国の農業、消費者、信用、保険、保健、漁業、林業、労働者、旅行、住宅、エネルギーなどあらゆる分野の協同組合の全国組織が加盟している。規模としては世界最大規模の非政府組織（NGO）に位置し、国連経済社会理事会（ECOSOC）の諮問機関第1グループに登録されている。また国際労働機関（ILO）は、「経済社会の発展において、協同組合は世界のどの地域においてもきわめて重要である。（193号勧告）」とその役割の重要性を認める勧告を発表している（2002年）。

　そして、国連のMDGs達成における主要な担い手の一つとしても、以下のように位置づけられている。

「個人、地域、NGOや政府組織は、国連ミレニアム開発目標（MDGs）を達成する上で、協同組合の果たす役割を改めて認識することが求められます。」（国連広報センター、プレスリリース、11-079-J 2011年12月22日）[5]

　同じく、2030アジェンダにおいても、「……我々は、小規模企業から多国籍企業、協同組合、市民社会組織や慈善団体等多岐にわたる民間部門が新アジェンダの実施における役割を有することを認知する。」（41. 国家・民間セクターの役割）として、主要な担い手として協同組合が明示されたのだった。

　世界人口の12％の人々が協同組合に属し、その雇用は2億8,000万人、経済規模では約2兆ドル（US$）の取引額に及んでおり、G20（主要20ヵ国・地域首脳会議）における雇用者の約10％が協同組合によって担われている。[6] 今のところ、協同組合や広く社会的企業（NPOを含む）と呼ばれる非営利で社会的な課題に取り組む事業体は、現状では大きな影響力を発揮する状況に至ってはいない。しかしながら、将来的には持続可能な社会形成の重要な担い手として期待される存在と言ってよかろう。現在、制度面では各国で異なる位置づけのも

とにあり、推進体制が整備されているとは言いがたい状況であるが、将来的には期待すべき隠れた主役であることに注目したい。

　こうした革新的な動きについては、より大きな枠組みから論じる必要があるので、本書の後半で詳細に論じることにしたい。ここでは、SDGsに関わる主要アクターの動向についてだけ述べている。

## 注

1) SDGs世界ランキングのレポート：
   Sustainable Development Report 2019 Transformations to Achieve the Sustainable Development Goals. Jun 28, 2019
   https://www.sdgindex.org/reports/sustainable-development-report-2019/
2) 2030アジェンダ（外務省、仮訳）：
   https://www.mofa.go.jp/mofaj/files/000101402.pdf
3) GRIスタンダード（日本語版）：Global Reporting Initiative
   https://www.csr-communicate.com/csrinnovation/20170420/csr-31382
4) SDGsコンパス（企業行動指針）：
   https://sdgcompass.org/wp-content/uploads/2016/04/SDG_Compass_Japanese.pdf
   環境省でもSDGs活用ガイドを公表：http://www.env.go.jp/policy/sdgs/index.html
5) 国際協同組合年（2012年）：国連広報センター、プレスリリース
   https://www.unic.or.jp/news_press/features_backgrounders/2381/
6)「協同組合経済の探索 REPORT 2018」World Co-operative Monitor
   https://www.japan.coop/wp/wp-content/uploads/2019/07/190722_02.pdf
   Cooperatives and Employment Second Global Report 2017

## 参考文献

重田康博・真崎克彦・阪本公美子編著『SDGs時代のグローバル開発協力論』明石書店、2019年

古沢広祐『みんな幸せってどんな世界——共存学のすすめ——』ほんの木、2018年

古沢広祐「未来への種まき　持続可能な世界を創造するチャンスに！——国連総会が「持続可能な開発目標（SDGs）」を採択〜」『社会運動』No. 421、市民セクター政策機構/ほんの木、2016年

# ［2］

# SDGsにおける環境分野の
# 進展と大きな壁

## 1 環境分野の諸動向、目標6（水）、13（気候変動）の動き

　環境に関連しても、さまざまな諸潮流がSDGsへと合流、合体してきている様子を観察することができる。たとえば目標6（水と衛生）の分野での歴史的経緯の流れが、環境白書において図示され掲載されている。諸潮流の動きが連動し合っている一例として、参考までその図表を引用しておこう（図Ⅰ－5）。この図を見ても、国連のメカニズムにおける積み上げとともに、世界水ビジョンや水サミットなど、市民社会（NPO）の側の動きが連動し合って展開してきた様子を読みとることができる。

　SDGsの目標6（水と衛生）においても、これまでの国際動向をたどるならば、1992地球サミットのアジェンダ21（第18章、水）から2000年のミレニアムサミット（MDGs）、2002年ヨハネスブルグサミットなどでの取り組みが、順次引き継がれてきたのであった。それが2030アジェンダと目標6（水と衛生）へと集約されている様子が、図Ⅰ－5とともに国連のMDGsや国連CSD（持続可能な開発委員会）の動向などからも読みとることができる。[1]

　その他の環境分野での関連する動向について、とくに目標13（気候変動）、目標14・15（海・陸の生態系）に関わる動きについて、順次、見ていくことにしよう。

　環境分野に多少とも関わりが深いのは、目標7（エネルギー）、目標12（生産と消費）であるが、これら2つに関しては、本書の後半でふれることにしたい。目標13（気候変動）は、気候変動枠組み条約（以下、気候変動条約と略す）の

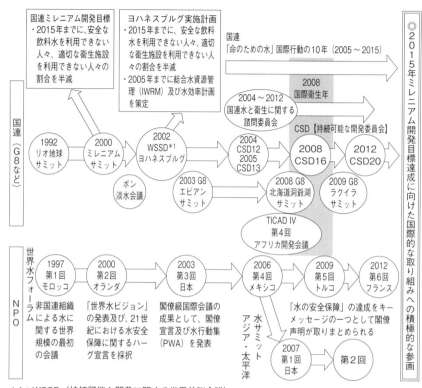

図Ⅰ-5　国際的な水に関する取り組みの流れ
（出所：平成22年版環境白書から略図を作成　https://www.env.go.jp/policy/hakusyo/h22/html/hj10010402.html#n1-4-2-2）

取り組みとして推進されてきたもので、京都議定書（1997年）からその後の2015年パリ協定（COP21、気候変動条約・第21回会議）に至るまで、その動向は基本的にはこの国際条約で規定されている。2030アジェンダでも、その点への留意として「国連気候変動枠組み条約（UNFCCC）が、気候変動への世界的対応について交渉を行う基本的な国際的、政府間対話の場であると認識している」との文が強調されて付記されている。

　気候変動をめぐる国際的な対応は、気候変動条約を軸に動いており、昨今の深刻化する異常気象や気象災害でとくに関心が高まっている。ここでは簡単に

COP21会場風景 （国連気候変動条約・第21回会議、パリ、2015年12月、筆者撮影）

その動向を見ておきたい。気候変動の深刻なリスクは、すでに顕在化して後戻りできない状況に入っているというのが基本的な認識である。すでに予防段階を過ぎてしまい、どの程度で緩和できるか、また避けられない変動リスクにどう適応していくか、さらにはその損害への対処や補償をどうするかが話し合われる状況となっている。気候変動条約の締結（1992年）の後、具体的な温室効果ガスの削減目標を定める京都議定書（1997年）を経て、2015年のパリ協定までの議論の推移を追うと、事態の深刻化と制御の困難な状況を実感することができる。まさしく21世紀の人類に突き付けられた最大の挑戦的課題と言ってよいだろう。

　温室効果ガスの削減目標については、これまで示されてきた目標としてコペンハーゲン（COP15）やカンクン（COP16）の合意での気温上昇2℃未満におさえる目標が提示されてきた。それがパリ協定（COP21）においては2℃未満とともに1.5℃を努力目標とすることが合意されたのだった。紆余曲折を経て合意できたことは喜ばしいことなのだが、現状で各国が示している努力目標（INDC）との隔たりはきわめて大きく（悲観的見方で3〜4℃の上昇予想）、先行きは不透明感が漂っている。そのギャップはきわめて大きく（10億単位のギガトン・ギャップと呼ばれている）、ギャップを埋められるのか見通しは実に厳しい。

　いずれにしても、対応状況はリスク回避からリスク被害の受容はやむなしといった状況へ、どのように適応し被害へ対処するかとの視点へと推移しており、期待と現実の矛盾は深刻さを増している。気候変動を回避すべく国際的な対応が迫られているわけだが、状況の見通しとしては今後とも綱渡り的な厳しい事

態が予想される。この間の状況の推移について、少し詳しく追ってみることにしたい。

　これまで1992年の気候変動条約の調印から1997年の京都議定書の締結と削減約束の実施期間（2008 ～ 2012）にいたる動きは、いわばトップダウン型の統制と義務履行の制度化という流れで進められてきた。その後の展開としては、2007年のCOP13でのバリ行動計画が採択され、第1約束期間（2008 ～ 2012）以降のための交渉メニューが合意されて第2約束期間（2013 ～ 2020）が定められた。だが未批准の米国とカナダとともに、日本、ロシア、ニュージーランドが不公平を理由にプロセスから離脱したのだった。

　2009年のCOP15では次期の枠組みの形成が現実化するのではと期待が高まったのだった。しかし残念ながら、COP15交渉はまとまらずに決裂して、困難をきわめる対立軸がより鮮明化しだす経緯をたどったのだった。交渉の主要国が1997年当時（京都議定書）と異なり、世界中の多数の国々を巻き込んで進み、それぞれの立場と利害が複雑にからむことで交渉内容やプロセス自体が格段に高度化したことも困難さの原因であった。さらに2008年から世界金融危機が深刻化したことで、国際社会の関心は環境の危機から経済危機への対応の方に軸足が移ったことも大きく影響したのだった。

# 2　気候変動をめぐる対立・せめぎ合い

　COP15の会合（コペンハーゲン、2009年12月7日～ 19日）の後半部分に参加した際、そこで目にした会議の動向は、まさしく世界の枠組みが大きく変化しつつあるという実感であった。それは、一言で表現すればカーボン・レジームの形成（46頁）とその揺らぎと言ってよいような展開であり、世界を突き動かす諸勢力のダイナミックな駆け引きの舞台のような状況であった。その根底には、かつて1970 ～ 1980年代に深刻化して長くくすぶり続けてきた南北問題が、新しい様相をおびて再現したかのような状況さえもが垣間見られた。

　主要排出国（先進国）のみの削減を求める1997年の京都議定書は、結局のところ当時最大排出国であった米国が離脱したことやカナダが削減実行の断念を表明するなど、先行きが危ぶまれる取り決めとなった。その後は、人口規模

の大きい中国やインドなどの新興国の台頭が進み、2008年時点になると排出最大国が米国（20％）から中国（21％）へと地位が入れ替わるとともに、2ヵ国だけでも世界の半分近い排出を占める事態に推移したのだった。その意味では、京都議定書以後のより実効性のある新たな枠組みを定めるはずであったCOP15会合は、きわめて重要な場であった。しかし期待とは裏腹に、結果は不十分きわまりないものとなった。コペンハーゲン合意という政治宣言を全会一致で採択するには至らず、主要排出国がそれなりの排出目標を示すことや、深刻な温暖化の被害や発展の制約を受ける途上国に対する支援体制づくりという点では進展があったものの、先行きは不透明感を漂わせたのだった。

　会議の様子をざっと紹介すると以下のようになる。排出削減に意欲を示すホスト国のデンマークやEU諸国は、残念ながらリーダーシップを発揮できず、会議後半まで合意文書への異議が続発し、会議途中に議長の交代劇などもあって、混乱と迷走状態が続いたのだった。途上国を巻き込む削減目標に関しては、技術支援や資金援助が焦点になる一方で、お金での問題解決への反発（一部の島嶼国や中南米諸国）や削減義務とその検証（監視）への反対など、議論は錯綜した。だが最終調整の局面では、中国、インド、ブラジルなどを巻き込み主要二十数ヵ国がまとめ上げた最終案ができたことで、ほぼ妥協が成り立つかに見えた。12月18日会議予定の最終日、世界119ヵ国の首脳が一堂に会した終盤戦、米国のオバマ大統領（当時）や中国の温家宝首相（当時）の来場に期待が集まり、幕引きが飾られるのではないと期待が高まった。しかしながら、二十数ヵ国のみでの合意案形成という協議の不透明さへの反発がおきて、全会一致の採択は見送られ、合意については了解・留意(take note)という形に落ち着いたのだった。

　この番狂わせ的な事態は、戦後のG7・G8サミット（先進国首脳会合）がG20（20ヵ国・地域首脳会合）体制に移行し始めた状況のなかで、その蚊帳の外に置かれる中小諸国からの反発とその自己主張が噴出しだしたことを示していた。いわば発展の果実を独り占めしてきた先進工業諸国、それに続き始めた新興諸国に対して、異議の声が発せられたのであった。今後の世界の枠組みをどう形成していくか、難しい舵取りを求められる時代状況がここに現われていたというのが現場での実感であった。

　その意味では、京都議定書のようなトップダウン型の統制や義務履行の制度

構築を実現することは、難しい状況となってきたのである。そして COP15 の決裂の経験をふまえて、その後の COP21 ではボランタリーな自主的行動を促すボトムアップ型のソフトなアプローチに基づく取り決めとして合意形成がはかられたのだった。そして結果的にパリ協定が紆余曲折を経て合意されたのであった。

　しかし、自主性を尊重するボランタリーの取り組みの積極面とともに、進展を阻む消極面がどう展開するかは予断をゆるさない不安定さが内在している。よく引き合いに出される「囚人のジレンマ」（互いに疑心暗鬼になり事態が悪化すること）的な状況も予想されることから、国際交渉はより高度な駆け引きの場となっていかざるをえない。ネガティブ（負）な面に傾斜しないよう、ポジティブ（正）なプラス思考で相乗的な成果を導いていく巧妙なプロセスをどう創り出していけるか、政治指導者には高度な力量が期待されている。その点で、実は SDGs の展開についても似た状況がおきていたと見ることができる。それ以前の MDGs がトップダウン型の展開であったのが、SDGs ではボトムアップ型で展開しており、かつ強制する手法ではなくボランタリーな関与で参加を促す手法として組み立てられており、パリ協定とよく似た経緯をたどっていたのである。

　ポジティブなプラス思考については、多様な場面での相乗効果の発揮が期待されており、多面的アプローチがさまざまに力を発揮する仕掛けや仕組みへの目配りが重要になっている。国際会議ではそうした様子が各所で見受けられたのである。実際、パリでの COP21 会合に参加した時に、いくつかの分科会では、同年 9 月に成立した SGDs との連携を強調する問題提起が複数行なわれており、諸動向とその相乗効果に目配りしている様子を実感したのだった。

　温室効果ガスを削減、規制していくことはコスト負担などネガティブ面が出がちである。だが、省エネや省資源のみならず、貧困削減や生活改善、社会の安定や福祉など長期的に持続可能な社会形成につながるポジティブな側面をより前面に打ち出せれば、促進力がつく動きになり得る。SDGs の 17 目標については、個別の目標以上にさまざまな相乗効果を期待している点が重要である。一つの効果のみを期待するのではなく、副次的効果、間接的な効用などを含む総合的なプラス効果を期待し、相互に改善していくアプローチこそが重要なの

である。マイナス思考に陥らないように、環境改善→社会改善→経済的改善という好循環を生んでいく政策展開やプログラムを構想する上で、SDGs は大いに活用できる仕組みとして期待されるものと言ってよいだろう。

　従来型の開発・発展政策は、短期的で一元的な価値基準で推進されてきたきらいがあった。たとえば大量生産・消費・廃棄を前提とする従来型の開発は、結果的に高負担を生む悪循環に陥るリスクをもつ。巨大都市（メガシティ）形成や超高層ビルの建設、化石燃料や原子力への依存などは典型的な近視眼的な展開であり、半面で生じる悪循環（環境負荷や防災リスクの拡大）を視野に入れた見直しが必要だろう。交通システム、インフラの適正化、居住、自然環境、農村コミュニティの維持、地域に密着した教育や福祉など、総合的で抜本的かつ長期的な視点から政策プログラムが改めて構想されるべき時を迎えている。まさしく真の意味で SDGs を効果的に活かすアプローチが期待されているのである（後述）。

## 3　生物多様性（愛知目標）との関連の動き

　SDGs の目標 14（海洋）、15（森林・陸域）の課題取り組みは、生物多様性条約と深く関わる分野である。以下ではその点について総合的視野から、生物多様性条約での愛知目標の目標設定が SDGs と密接に関係している点をふまえて見ていくことにしよう。本節では、生物多様性保全に関わる SDGs の目標に関して、従来の開発政策とバッティング（矛盾）する論点や、今後に積極的な政策展開が必要になってくる論点に関して、問題提起することにしたい。とくに今後の SDGs が、分野横断的な展開を実現する上で参考になる指摘として受け止めていただきたい。

　生物多様性条約に基づく動きとして、2010年名古屋で開催された生物多様性条約・第10回締約国会議（COP10）で定められたのが、生物多様性戦略計画2011-2020（通称、愛知目標）である。具体的には日本の生物多様性国家戦略において実施される流れにあることから、この国家戦略の内容とも照らし合わせてみていく必要がある。なお愛知目標は2020年の短期的目標提示であり、2020以降の取り組みとしては生物多様性条約の COP15（第15回締約国会議、

──【ビジョン（中長期目標（2050年））】──
「自然と共生する（Living in harmony with nature）」世界

──【ミッション（短期目標（2020年））】──
2020年までに、回復力があり、また必要なサービスを引き続き提供できる生態系を確保するため、生物多様性の損失を止めるための効果的かつ緊急の行動を実施する。

──【20の個別目標】──

**戦略目標A：生物多様性の損失の根本原因に対処する**

目標1：人々が生物多様性の価値を認識する。
目標2：生物多様性の価値を政府の計画に組み込む。
目標3：生物多様性に有害な措置を廃止し、正の奨励措置が策定、適用される。
目標4：すべての関係者が計画を実施する。

**戦略目標B：生物多様性への直接的な圧力を減少させる**

目標5：森林を含む自然生息地の損失速度を減らす。
目標6：魚類などが持続可能に管理、漁獲される。
目標7：農業・林業が持続可能に管理される。
目標8：汚染が有害でない水準まで抑えられる。
目標9：外来種が制御され、根絶される。
目標10：気候変動その他の人為的な悪影響を最小化する。

**戦略目標C：生物多様性の状況を改善する**

目標11：少なくとも陸域の17%、海域の10%が保護地域などにより保全される。
目標12：絶滅危惧種の絶滅が防止される。
目標13：作物・家畜の遺伝子の多様性が維持される。

**戦略目標D：生物多様性から得られる恩恵を強化する**

目標14：生態系が保全され、自然の恵みが享受される。
目標15：生態系が気候変動の緩和と適応に貢献する。
目標16：ABSに関する名古屋議定書が施行・運用される。

**戦略目標E：能力開発などを通じて条約の実施を強化する**

目標17：効果的で参加型の国家戦略を策定する。
目標18：伝統的知識が尊重される。
目標19：関連する知識・科学技術が改善される。
目標20：戦略計画の効果的実施のためのすべてのソースからの資金の動員が現在のレベルから大幅に増加する。

図I-6　愛知目標（戦略計画2011〜2020）
（出所：外務省　http://www.mofa.go.jp/mofaj/gaiko/bluebook/2011/html/chapter3/chapter3_02_02.html）

中国、2020年10月）において、「ポスト2020生物多様性世界枠組み」が議論され採択される流れである。それは、「生物多様性に関する2050ビジョン」（自然と共生する世界）（中長期目標）へとつながるもので、中国でのCOP15のテーマは「生態文明：地球上のすべての生命のために共通の未来をつくる」である。

　愛知目標の短期目標（2020年）には、20項目の個別目標が示されている（図I-6）。SDGsの17項目とは部分的に重なる点があり、それらとの連携を強化していくことが課題とされている。愛知目標では、とくに戦略目標A（1〜4）のなかの、目標2：生物多様性の価値を明示化し国と地方の制度に組み込む、目標3：生物多様性への有害な奨励措置を適正化する、目標4：すべての関係者が

持続可能な生産・消費のための計画を実施する（SDGsの目標12）、などきわめて重要な事項が明記されている。それらが厳格に取り組まれるならば、従来の地域計画や産業政策、開発政策などに対して大幅な現状変革が迫られることになる点は、基本的認識として留意しておきたい。[2]

　とくに目標3については、有害な補助金や助成制度の改善と有意義な奨励制度は、生物多様性を保全していく上できわめて重要な役割を担うものである。その詳細については、筆者が関わる野生生物保全論研究会（JWCS）の報告書で公表（ネット公開）してきたので、参照願いたい（JWCS 2012、2013、2014）。簡潔にその内容と結論をまとめれば、従来の生産第一主義の政策が大きく方向転換を迫られているにもかかわらず、そのことが十分には取り組まれていない状況が目立つということである。[3]

　また、生物多様性条約に関する国際組織IPBES（生物多様性及び生態系サービスに関する政府間科学-政策プラットフォーム）が公表した地球規模評価報告書（2019年5月）でも、このままでは生物多様性の保全や持続可能な社会の実現は不可能であり、緊急かつ協調的な社会変革シナリオが必要だと指摘している。とくに強調されたのが社会変革であり、環境劣化を引きおこす複雑な諸関係を俯瞰し、重要な介入点（レバレッジ・ポイント）を見出して、積極的に関与すべきことが述べられた。介入点としては、多数の個別的介入点とともに深く大きな介入として、豊かさの価値観やビジョン形成の重要性を指摘している。[4]

　生物多様性条約や愛知目標の理念が現場に十分には反映されていない現状や、現場での優良な取り組みが総合化ないし関連施策に統合化されておらず、縦割り行政の弊害が目立つ点が多々ある。それは環境政策の全般にあてはまる事柄であり、たとえば総合的視野からの持続可能な社会へ向けて理念（21世紀環境立国戦略）として、循環型社会、低炭素社会、自然共生社会の形成という3つの柱で施策が展開されてきた。そうした理念を個別の具体的な場面で見ていくと、たとえばエネルギー政策と公共事業、産業振興、都市計画などにおいては旧来の手法が温存されていることで、矛盾する場面がいくつも見出せるのである。[4]

　その典型例は、2011年の東日本大震災とその後の復興事業などにおいて顕著にみられた。個別には、環境保全や生物多様性保全を掲げた計画や事業プランがある一方で、巨大防潮堤を何百キロにわたって建設する計画が先行して行な

われたのだった。地域の生活状況や土地利用、漁業形態や生態系（森・里・海の連関性）などの実情を考慮して、多様な災害対応や防災の工夫を活かす道（グリーンインフラの復興）もあったのだが、十分に考慮することなく巨大土木事業が多くの場合に先行したのである。マスコミでも問題視されたが、巨額の復興予算のなかには関連性が薄い事業が組み込まれるなど、問題含みの政策が行なわれた。とりわけ原発事故問題に関しては、掲げられてきた政策理念（安全神話）自体が、現実問題（事故対応）や矛盾（放射性廃棄物処理）を無視してきたものであり、結局のところは経済的利害（短期的なコスト・ベネフィット）が優先され続けてきた結果への反省がみられず、政策の総括的検証や責任問題の所在については不明確のままに残されたのだった。

　もう一つの例として農業分野での関連する動きを見てみよう。日本では生物多様性国家戦略が1995年に初めて策定され、4回の見直しが行なわれてきた。農林水産省の生物多様性戦略は2007年に策定されたが、国の生物多様性基本法が2008年に施行され、COP10条約会議の名古屋開催（2010年）の成果をうけて、最新の生物多様性国家戦略2012-2020が閣議決定され、農林水産省生物多様性戦略も見直され改訂された（2012年）。

　基本的な内容は、従来の施策の生物多様性への負の側面を見直して、積極的面として、田園地域、里地・里山・里海、森林、海洋の保全を進め、施策として農業・農村の活性化や環境保全型農業（エコファーマー）を推進することなどが示されている。見直し改訂後も基本はかわらず、指標開発や経済的評価、震災後の農林水産業の復興などが強調されている。理念や基本的方向性に関しては評価する内容なのだが、実際面との整合性を見ると、やはり多くの問題を残していると言わざるをえない。具体的には、諫早湾の干拓事業などにみられる諸問題（開発優先の公共事業）、環境配慮を欠く土地改良事業（区画整理、圃場整備、水路、用排水・農道整備等）、里地・里山保全に深く関わる地域の小農・家族農業を軽視した農業の大型化・規模拡大の推進、農薬規制問題（ミツバチ大量死などで問題視されEU諸国で禁止されているネオニコチノイド系農薬の扱い問題等）など、理念との整合性という点では問題含みの政策が継続しているのである。個別には、評価すべき取り組みが行なわれているのだが、旧来の慣行や現状維持との軋轢などが多く存在しており、システムの変革には至らな

いのが現状である。

　それ以上に現行システムで問題なのが、従来型の経済政策として TPP（環太平洋経済連携協定）のような貿易交渉における市場競争、貿易優先が展開されることで、結果的におきる地域の衰退や自然と文化、人々の暮らしの保全は、軽視されていく状況がある。経済一辺倒の成長戦略、GDP 至上主義が引きおこす悪循環的矛盾について考慮することが少なく、生活基盤の整備や人権・福祉の重視など国民生活の安心と安定を構築する方向への配慮は不十分のままである（詳細については後述）。

　ふり返れば、1960 年代の高度経済成長期へと向かう時代、全国総合開発計画や列島改造論がもてはやされ、近代化を推進する基本政策として農業基本法や林業基本法などが制定された。それらは、短期的な経済効果、単一的な価値基準（GDP など）に基づいて生産の極大化をめざす政策展開（狭義の経済発展）だったと見ることができる。食料・農業政策としても、生産第一主義に傾斜したものであり、その成功が経済的豊かさをもたらした反面で、環境や資源や自然生態系（生物多様性）との軋轢を生じて方向転換を迫られたのが現在の状況である。

　すなわち転換プロセスとしては近代化を主眼にした農業基本法（1961 年）が、1999 年に食料・農業・農村基本法として改訂されたのだった。同時期に、2000年の循環型社会形成推進法、2001 年の森林・林業基本法などが成立して、生産主義的な経済重視の政策から環境重視へとシフトする流れ（環境レジーム形成）が急速に進展してきたのだった。とくに農業分野では、生産面だけでなく農業・農村の多面的機能が強調され、人と自然との多様な関係性に目を向けるとともに、暮らしや生活面にまで踏み込んだ地域政策や社会政策的な要素を含みこむ流れになっている。それは自然資本や生態系サービスへの再認識、新たな価値づけと評価の可視化につながる流れとして現在進行形で進みつつある。時代状況は生産重視から環境・福祉重視へと移行する動きがおきているのだが、すでに指摘したように現実に従来型のレジームが幅をきかせており、波乱含みの展開状況にあるというのが現段階なのである。

　以上、大きくは気候変動、生物多様性をめぐる動向を中心に見てきたが、複雑化した現代社会の根底を組み直す作業は、簡単には進まない困難さを抱え込んでいる。その点においても、SDGs の分野横断的で政策統合的な展開が進む

ことは、個別分断的な従来の枠組みを超える契機となり得るものである。また、すでに指摘したように、トップダウン型の国際条約や国内の法律でも規制中心の制度形成ばかりに傾斜せずに、さまざまな主体が関与し多様な活動が展開していくボトムアップ型のアプローチを発展すべき状況が到来している。その意味においても、2030アジェンダとSDGsへの取り組みは、まさしく「我々の世界を変革する」ための手がかりとして活用すべきものなのである。まさしく「誰も置き去りにされることがない」ように、地域や草の根レベルからボトムアップ型の社会変革に向かう道筋を開拓することが期待されているのである。

# **4 世界を動かすレジーム動向**
## ──国際社会をどう見通すか

　複雑さが増大する現代世界においては、大きな問題をミクロからマクロレベルまで総合的にとらえて批判的に洞察すべき時代状況にある。世界動向のとらえ方として、以下では大状況を分析する手がかりとして、レジーム（体制）形成を軸にしてより詳しく見ていくことにする。ざっくりと先にまとめてしまえば、地球環境問題や南北問題の是正をめざす環境・開発レジーム形成の動きの一方で、グローバル市場経済のさらなる拡大・強化（グローバル経済・自由貿易レジーム）がより強力な勢力として世界を牽引しており、多くの軋轢と矛盾を国内・国外において激化させているのが現代世界の矛盾状況である。

　そうした世界状況の変遷を概観できるように、図Ⅰ－7を示しておこう。1990年代初頭、地球サミットを契機とした環境レジーム形成が進み（上部）、開発協力（援助）分野では環境・社会配慮や人権・平和構築の動き（開発協力レジーム）が展開してきたのである（中部）。その一方で、旧社会主義圏をのみ込んだグローバル市場経済の急拡大（下部、現行の経済レジーム）が進行しており、その力関係としてはグローバルな市場競争（経済レジーム）がより大きな力を発揮してきたのがこれまでの流れである。

　大きなレジーム対立という視点に立てば、国連やSDGsの動向もけっして一枚岩ではなく、諸勢力の利害が渦巻く拮抗関係と矛盾含みの展開が起きているということである。従来の枠組み（経済レジーム）のなかに取り込まれていく

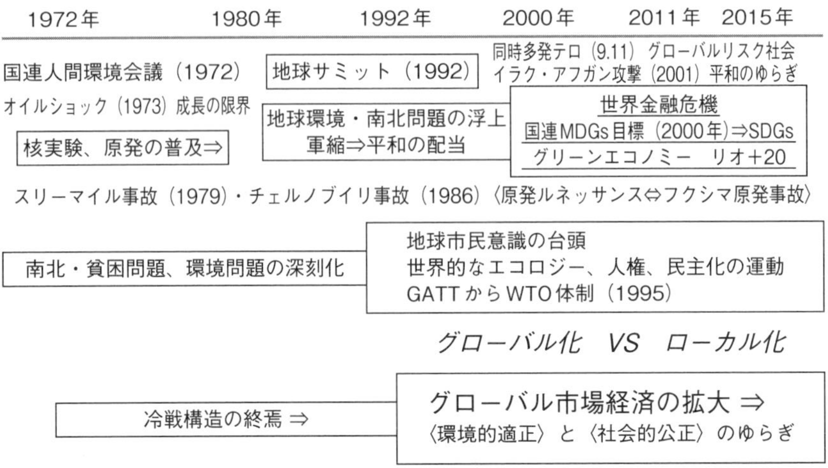

| 1972年 | 1980年 | 1992年 | 2000年 | 2011年　2015年 |
|---|---|---|---|---|

国連人間環境会議（1972）　　地球サミット（1992）

同時多発テロ（9.11）　グローバルリスク社会
イラク・アフガン攻撃（2001）　平和のゆらぎ

オイルショック（1973）成長の限界

地球環境・南北問題の浮上

世界金融危機
国連MDGs目標（2000年）⇒SDGs

核実験、原発の普及⇒

軍縮⇒平和の配当

グリーンエコノミー　リオ＋20

スリーマイル事故（1979）・チェルノブイリ事故（1986）〈原発ルネッサンス⇔フクシマ原発事故〉

南北・貧困問題、環境問題の深刻化

地球市民意識の台頭
世界的なエコロジー、人権、民主化の運動
GATT から WTO 体制（1995）

グローバル化　VS　ローカル化

冷戦構造の終焉 ⇒

グローバル市場経済の拡大 ⇒
〈環境的適正〉と〈社会的公正〉のゆらぎ

図Ⅰ-7　国際的な大状況（諸レジーム）の動向　　　　　　　　　　（筆者作成）

流れとなるか、国益の枠をこえる地球（国際）益的な立場で環境や開発の新しい枠組み（環境・開発レジーム）を形成していく流れになるか、実際には複雑な様相を呈している。その詳細については順次明らかにしていくが、先にざっくりとした見通しを示しておこう。諸勢力のせめぎ合いという分析視点は、本書の各所で述べていくが、大状況の図Ⅰ-7のなかに細かくさまざまな小状況の動きが動態的（ダイナミック）に隠れている様子を想像していただきたい。

　大状況的には、従来の経済レジームがまだまだ環境レジームを凌駕している関係にある。だが、気候変動や生物多様性などの環境レジーム形成が既存の経済レジームに修正と変革を迫っている拮抗関係を読み解く視点が重要である。具体的には、経済重視の従来の開発政策が次第に環境配慮や社会配慮を組み込む動きを見せている。その様子については、大状況（図Ⅰ-7）との対比として図Ⅰ-8（小状況）を示しておこう。従来の開発援助（ODA）政策への修正が、環境社会配慮ガイドラインの導入による制度の改善やNGOとの各種定期協議として実現してきた様子がわかる。それについてもSDGsと同様に一枚岩ではなく、矛盾含みの展開である点は注意しておきたい。

　世界の動向は、冒頭でもふれたが、20世紀の国家対立的な状況に逆戻りする

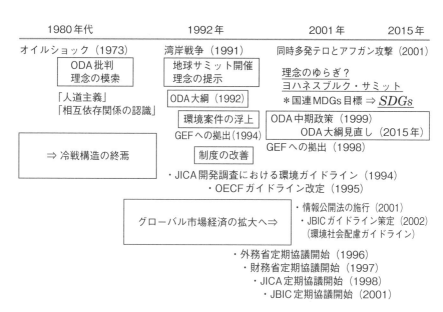

図I-8　国際協力・援助体制（ODA）の変遷　　　　　　　　　　　　　（筆者作成）

かのような兆候が次第に顕在化しだしている。不安定化しだした状況下で、目先の国益や自分たちの利己的な利害へと傾斜する流れが強まっているのである。日本の援助政策においても、ODA 大綱（1992年）では国益優先から国際益（地球市民的な視点の導入）が進んだのだが、その後の ODA 大綱の見直し（2015年）では再び国益優先へと揺り戻しがおきている。時代状況は、持続可能性（サステナビリティ）への実現に向かう潮流の反面で、国益優先と偏狭なナショナリズム（排他主義）への揺り戻しが大状況や小状況においても顕在化しているのである。

　歴史はくり返すという言葉があるが、時代状況はかつての戦前期のような不安定さを拡大させており、その点でも大状況を広い視野から見通す視点の重要性が高まっている。あらためて世界動向を巨視的にとらえ返して、人類が模索してきた平和で共に繁栄できる道筋を明確に示していくべき時にある。目先の自国優先と排他主義の行きつく先は、対立と排外主義の相乗的激化による破局的悪循環への陥落であり、そしてかつておきた戦争という事態さえもが懸念さ

れるのである。その点でも、危機的な事態が進行する世界情勢下において、対立ではない共存のための手がかりを、国連の新目標（SDGs）において見出そうとする努力が積み重ねられている動きは、一種の希望の光と見てもよかろう。現状では、それはまだ微小なものでしかない段階ではあるが、人類の持続可能な発展を導く大切な道標（マイルストーン）として構築していくことが期待されている。

　今後の世界展望としては、国単位の権益強化や利害対立、そして力による軍事的せめぎ合いを拡大させる「負（悲劇）のサイクル」に陥らない新たな枠組みづくりが、今こそ世界のさまざまな場面において求められている。その手本とすべき出来事としては、20世紀末の核開発（軍事）競争や冷戦体制を終結させた時代状況、そこに花ひらいた平和の配当とでも言うべき歴史的状況を再度思いおこしたい。すなわち、地球市民社会へと向かうはずだった人類が、横道にそれて負のサイクルに舞い戻ることのないように、再度、私たちは希望の道を見出すべき時を迎えているのである。

　残念ながら、SDGsの目標16（平和と公正）について見てみると、理念と方向性は示されているものの、各国の利害調整はできず、日本の憲法9条のような戦争の禁止や武力の放棄といった理想には一歩も踏み込むことはできなかった。司法アクセスの提供、武器取引の減少、暴力の減少・撲滅を明記することが、現状を改革するための第一歩というのが合意事項である。「違法な資金及び武器の取引の大幅な減少」（16.4）とは記されているのだが、実際の指標レベルでは武器取引の違法性が立証されたものという限定が課せられており、武器を輸出している国への配慮がなされている。全会一致のSDGsでは難しいテーマ課題だが、別に武器貿易条約が国連総会で採択（2013年）され発効（2014年）している動きがあることに注目したい。残念ながら米国・ロシア・中国など武器輸出大国や輸入大国（アジア諸国）は未加盟であり、ここでも理想と現実の隔たりは大きいことを認めざるをえない。

　厳しい状況下、現在必要とされていることは、図Ⅰ－7の国際動向の年表図で示したように、1992年の地球サミット開催当時に期待された希望の光、軍事費の縮減、脅威の抹消による平和の配当という「正（希望）のサイクル」を甦らせることではなかろうか。1992年地球サミットに参加した際に平和の配当と

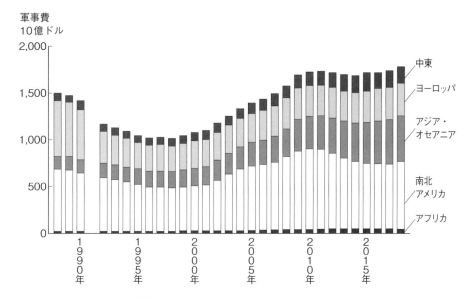

図I-9　軍事費の推移（1988年〜2018年、2017年米ドル換算）
（出所：ストックホルム国際平和研究所（SIPRI）のデータに加筆　https://www.sipri.org/
research/armament-and-disarmament/arms-transfers-and-military-spending/military-
expenditure）

いう概念が大きくクローズアップされたことが昨日のように思いおこされる。実
際、当時1.5兆ドル規模に膨らんでいた軍事費（負の遺産）の削減が一時的に進
んだのだったが（1兆ドル規模）、残念ながら2000年以降はとくに増加しており、
冷戦当時を上回ってしまったのが現在である（図I−9）。[5]
「負（悲劇）のサイクル」を「正（希望）のサイクル」へと転換させるビジョ
ンこそが現代世界では求められている。それはSDGsにおいても期待される点
なのだが、そこには理想と現実を橋渡しするさらなる展望の提示が必要である。
それは新たな「グリーン・ニューディール」とでも呼ぶべき政策提示であり、
その延長上に環境保全と社会的公正・人権を尊重していく環境・福祉レジーム
の形成、それによって今日の危機的状況を打開しつつ、諸矛盾を克服する扉が
次第に開かれていくのではなかろうか。現実の状況が厳しいゆえに、目先の利
害に振り回されがちだが、今こそ長期的な視点に立った未来ビジョンを構想す
べき時にきており、本書はそれに向けた挑戦への一助になればとの思いで執筆
している。

## 注

1) GEF 調査提言レポート『SDGs（持続可能な開発目標）の最新動向と展望〜歴史的経緯を検証し、環境・貧困・社会課題の解決を模索する』グリーンエコノミーフォーラム（GEF）、2014年
   http://geforum.net/archives/581

2) GEF レポート『公正で持続可能な〈消費・生産〉に向けて〜取組・制度・政策の最新動向と提起』グリーンエコノミーフォーラム（GEF）、2015年
   http://geforum.net/archives/category/activity/publications

3) JWCS レポート『愛知ターゲット3の達成とグリーン経済への転換にむけて』（生物多様性に影響を及ぼす奨励措置に関する研究）No.1、No.2、No.3、野生生物保全論研究会（JWCS）、2013年、2014年、2015年
   http://www.jwcs.org/reference/report.html

4) IPBES 評価報告書の情報：地球環境戦略機関（IGES）にて邦訳
   https://iges.or.jp/jp/natural-resources-and-ecosystem-services/20190417
   IPBES 本部サイトで原本（政策者向けサマリー）を公開
   https://ipbes.net/global-assessment-report-biodiversity-ecosystem-services

5) ストックホルム国際平和研究所（SIPRI）のデータ
   https://www.sipri.org/research/armament-and-disarmament/arms-transfers-and-military-spending/military-expenditure（最終閲覧日、2019年11月24日）

## 参考文献

古沢広祐・足立治郎・小野田真二編『ギガトン・ギャップ　気候変動と国際交渉』（株）オルタナ /「環境・持続社会」研究センター、2015年

古沢広祐「持続可能な開発・発展目標（SDGs）の動向と展望〜ポスト2015開発枠組みと地球市民社会の未来〜」『国際開発研究』第23巻第2号、国際開発学会、2014年

# ［3］

# 気候変動と
# グローバル・リスク世界

## 1　グローバル・リスク社会の出現

　レジームの視点から、比較的わかりやすく考察できるのが気候変動問題である。すでに指摘したように、気候変動への対応をめぐる近年の動きは、①予防・防止（prevention）の段階を過ぎて、②緩和（mitigation）と適応（adaptation）、さらに③損失・被害（loss & damage）と補償（compensation）へと推移してきている。人類は、すでに後戻りできない気候変動リスク（危機）に直面しており、事後的対応を迫られているのである。リスクのレベルをどの程度に見積もって、その対応や対策をどうするか、切迫した状況に追い込まれ始めている。このような事態は、気候変動にとどまらず、もう一つの地球環境問題である生物多様性においても似たような事態に陥っている。

　こうした状況に関して、現代という時代を巨大リスク社会の出現として論じたのが社会学者ウルリッヒ・ベックの「危険（リスク）社会」論である。現代世界は、いまや「グローバル・リスク社会」として出現しており、富や豊かさの分配のみならずリスク対応、ないしリスク配分という性格を内在させている社会と見る。社会的な優位者に富が集中するのみならず、社会的弱者にリスクが押しつけられるのである。たとえば高度科学技術の恩恵の一方で、事故や災害は見えないリスクとして社会に埋め込まれており、その社会の特性について、批判的分析の重要性を強調している。さまざまな事故や災害、とくに原子力発電所事故や地球環境問題などのリスクにおいては、個人的な対応のレベルを大きく越えるのみならず、既存の制度的対応や国家的な枠組みをも無効にするよ

うな事態を生じさせる。まさに'新たなリスク'として出現しており、加害と被害の関係が見えにくく対応しがたい状況を生んでいる。その点で気候変動リスクは、制御がきわめて困難なリスクの筆頭であり、21世紀の人類に突きつけられた最大の挑戦的課題と言ってよかろう。

　現状及び各国が示している温室効果ガスの削減目標については、パリ協定で示された目標（気温上昇を2℃未満に1.5℃を努力目標にする）とは大きく乖離しており、先行きには不透明感が漂う。その巨大なギャップは、10億単位である「ギガトン・ギャップ」の呼称で呼ばれているが、このギャップをどう認識するのか、あるいはどう埋め合わせていくのか、2020年以降のパリ協定の新たな枠組みとも関連して解決策や処方箋を求めて議論は百出している。

　たとえ2℃未満に抑えたとしても、状況はリスク回避できずリスクのある程度の受容はやむなしといった状況にある。その際、事態の悪化の程度や規模がどのようなものになるのか、その過程や行き着く先について、私たちはどこまで予測できるか、またどのような対応が可能なのかといった問題が浮上してくる。あるいは想定外の予測しがたい事態についても、どのような考え方や備えをもつべきか、気候に関わる自然災害とその規模拡大を前にして、さし迫った課題として対応を迫られている。

　これまで発表されたIPCC（気候変動に関する政府間パネル）の報告書の推移をみても、基礎データや評価精度の向上とともに深刻さが明らかとなってきている。最近の第5次報告書では、評価のあり方や影響の示し方などで議論はあるものの受けとめ方の深刻度は増している。論点としては、大きな流れとして、冒頭に示した①予防・防止→②緩和・適応→③損失・補償の推移に順じた対応内容を検討していく必要がある。影響評価での見解の差異（程度や幅）はあるものの、緩和から適応へ、被害予想と損失補償へと視点が広がってきている。こうした段階的な推移に関して、一般的におこる事態としては、いわゆる「かけひき」的状況が生じることが予想される。個別事故の対応とグローバル世界を巻き込んだ事象とでは、質を大きく異にするのだが、現象的には損害の評価における「かけひき」的状況としてとらえられる。すなわち、コスト・ベネフィット的な評価問題、利益者と被害者の力関係において、関係勢力の政治力（かけひき）や軋轢が顕在化し、着地点の模索と妥協策が探られることになる。

　こうしたリスク対応をめぐる動きとしては、個別事象的には日本の公害問題などでもさまざまな事例があったが、多くの場合に被害の救済に至る時点において課題を多く積み残してきたのが実態である。その点では国際社会で現在進行している事態に関しても、けっして楽観視できないのみならず、結果として現われてくるだろう世界が、どんな姿や様相を呈するのか、深刻な事態を懸念せざるをえない。大きな危惧として心配される事柄は、対応次第ではさらなるグローバル・リスク（負の連鎖）の拡大につながる恐れがあることである。

　その恐れは十分にあり、深刻な事態を懸念して気候正義（Climate Justice：気候変動による弱者への負荷の拡大を是正すること）という観点が強く指摘

スウェーデンの環境活動家グレタ・トゥーンベリさん（16）は2019年9月23日、ニューヨークで開かれた国連気候行動サミットで「気候正義」を訴えた　　　（提供：朝日新聞社）

〈世界人口と温室効果ガス排出量〉

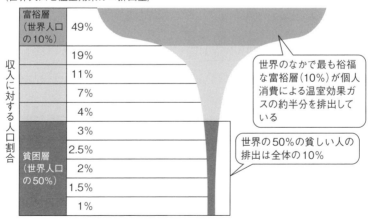

出典：Oxfam "Extreme Carbon Inequality" 2015

図I-10　気候変動と格差

（出所：FOEジャパン、http://www.foejapan.org/climate/about/climatejustice.html）

されている。具体的には、経済格差が環境負荷格差として明確に示されている様子について、環境団体FOEが「気候変動と格差」の図として公表しており、図Ⅰ−10に示しておこう。豊かな富裕層の10％の人々が、温室効果の原因の約半分をつくり出している構図である。そして気候変動リスクとして、甚大な被害を受ける人々は貧困層の人々が主であることは容易に想像がつく。気候変動リスクは、実際の社会の歪み（社会的格差）をより顕在化させ、増大させる事態として出現する特徴をもつのである。

# 2　カーボン・レジームの展開
## ——プロセスへの視点とマクロ的な動向分析

　以下では、リスクの見方や考え方とその動態に関して、グローバルな大きな視点から考えていく。これまで世界の見方については、一般的に大きくは政治、経済、社会、文化が中核的な概念として位置づけられ論じられてきた。しかし現代の世界では、新たに環境という要素が浮上しており、すべてに関与・貫通する問題として登場しつつある。この環境を軸とした対応の展開（環境レジーム形成）は、20世紀後半から21世紀にかけて急浮上してきたものである。そして現在、人類の存続をゆるがす地球環境問題として顕在化しており、とくに大規模な気候変動の兆候を前にして、人類は待ったなしの対応を迫られている。

　気候変動を回避すべく国際的な対応が迫られているわけだが、以下ではその状況についてカーボン・レジームの動向として論じることにしたい。カーボンは炭素を意味する言葉であり、炭素の大気中への放出を削減すること（低炭素・脱炭素化）が求められている。レジームとは、第Ⅰ部[2]でもふれたが、政治形態や制度、体制を意味する言葉で、国際政治学では国際レジームという概念で世界の枠組みについて国家制度を超えて形成される仕組みとして論じられてきた。今日の世界状況を端的に表現するならば、いわばカーボン・レジームという低炭素社会に向けた世界枠組みが動き出しているということである（図Ⅰ−11）。

　一般的には、気候変動レジームという言葉が普及しているが、低炭素・脱炭素化を強調する意味で、ここではカーボン・レジームという用語を使用する。とくにレジームという表現をあえて使用する背景としては、個別企業や諸国家

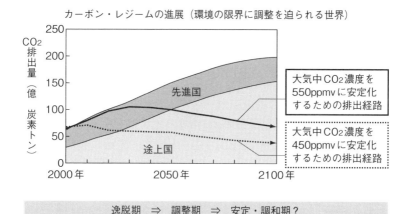

図1−11　カーボン・レジームから見た将来動向　　　（出所：『ギガトン・ギャップ』11頁）

を超えたさまざまな関係形成や制度枠組みが重要性を増している時代状況がある。そうした流れは、カーボン・レジームという新たな枠組みの形成下で、諸勢力がしのぎを削る状況として進展している。そのようなダイナミックな世界動向を端的に表現し、諸勢力の影響や動態をとらえるために、さらに今後の展開を考察するためにもレジームという言葉を使用することにしたい。

　国際レジームとしては、従来から経済や国防などの分野での制度形成と勢力争いがあり、国際社会を大きく動かしてきた。現在もその延長線上での動きは中軸を形成しており、たとえばWTO（世界貿易機関）やTPPなど自由貿易体制を形づくる国際貿易レジームは、世界経済にきわめて大きな影響力を発揮している。だが20世紀後半とくに1992年の地球サミット（国連環境開発会議）を契機として、環境を軸とした制度形成が新たに出現してきた。具体的な国際条約として、地球サミットでは気候変動条約と生物多様性条約が締結され、包括的な取り組みとしては持続可能な開発をめざす目標提示として「アジェンダ21」が採択された。環境を軸としたカーボン・レジーム形成は、国際環境条約の下にとくに具体的な実施の取り組みとして京都議定書やパリ協定が定められ、制度の継続的展開がはかられてきた。

　全体状況と今後の動向の見通しについては、すでに大まかには述べたが、ここで基本的にふまえておきたい点は、①予防・防止→②緩和・適応→③損失・

補償の関係と推移の見方、適応や緩和策でのコストのとらえ方や評価などで、大きなバイアス（既存の体制の維持、損得上の力関係）の影響下で推移していくことが予想される。

　今後の見通しと方向性としては、つまるところ、政治力、資金（経済）力、技術力などの諸要素が動員されて、いろいろな立場からのかけひきが展開されることになる。場合によっては先延ばしや決裂という綱渡り的な事態も含めて、何らかの着地点へと向かうカーボン・レジーム形成がなされていくと思われる。その際、2つのレベルで論点や課題について見ていく必要がある。

　着地点に向けた動きにおいて浮上する事柄としては、第1は、その妥協点ないし着地点をめぐるプロセスにおいて、国際関係や各国の政治・経済体制にどう跳ね返り、いかなる事態を生んでいくかという、プロセス上で生じてくる諸問題への着目である。このプロセスにおいては、一方では、国家間対立や国内での諸影響を誘発してマイナス面を呼びおこさないかどうか（リスク増大）、逆の方向では、国益の壁を乗り越えたポジティブなプラス面が期待できないか（共益創出）、といったような連動する諸展開について慎重に検討していくためのプロセス分析的な視点が求められる。

　第2は、連動した諸事象の検討とともに、よりマクロな動向として、達成される妥協点ないし着地点がもたらす諸局面や事態に関する大状況的な動態分析である。その妥協点、着地点が、気候変動問題への対応ないし解決策の枠に収まらずに、総体的な関係諸力においてより大きな問題や展開につながっていく状況分析である。個別的なプロセス分析よりも気候正義の視点のように、より大きな文脈の相互作用と時間軸の下で問題群を幅広い視野でとらえるマクロ的分析と言ってもよい。その際に視野に入れたいのがSDGsの取り組みと連携や連動である。気候変動への対応に、生物多様性、雇用創出、貧困削減、ジェンダー平等といった相乗効果を視野に入れたプロジェクト形成や政策展開が期待される。これについては、個別問題領域を超えた広い視野と中長期的な時間軸のなかでの構想が求められる。他方、時間軸や領域を広げた場合には不確実性をも視野に入れねばならず、不確実性を前提にした上で、さまざまな視点からの複数のシナリオ分析のような大胆な動態分析なども必要になる。

　第 I 部 [3]〜[4] では、世界状況の変化と環境レジーム形成についてさまざ

まな角度から見ていくが、とくにカーボン・レジームの動きに関しては［3］で論じる。その際、個別のプロセス分析というよりは、全体的な諸関係まで視野を拡げた動態分析として、今後に重要性を増すだろう大きな論点について目配りしていく。すなわち、第1のプロセス的視点をふまえつつも、第2の視点に軸足をおいて近未来への方向性について論じていく。以下、今後の動態分析について、多少とも不確実性や曖昧さを含んだ見通しについて簡潔に示しておこう。

# 3　国際的な変動とダイナミズムのとらえ方

　現代世界は、さまざまな座標軸と諸勢力のせめぎ合いのなかで、まさしく複雑系として進行している。今日の世界は、諸要素が絡み合いながらも各々が歴史的展開をとげつつ、かつ相互連動的に動いている。特定の側面だけ取りあげて動向を見通そうとしても限界に直面するし、あまり細かく諸要素に分け入っても全体状況を見失いがちとなる。すなわち、中核的な要素をうまく取り出してその動態状況をつかむ概念や実態の抽出作業と、そこでの相互関係を含む動態分析的な状況把握がきわめて重要となる。ここは［2］の生物多様性への対応の際にふれた重要な介入点（レバレッジ・ポイント）とも通じる見方である。まずは中核的な要素に注目することが重要だが、それ自体が流動的で変貌する側面をもつから、全体状況と要素との関係が実際上はかなり見えにくくなる。

　これまで政治面では、第2次大戦以降の戦後世界体制として、大きくは米国を基軸とする軍事力と経済力によって秩序形成されてきた見方（パックス・アメリカーナ）が一般化していた。しかし1990年代以降は、いわゆる東西の対立（冷戦構造）が解消してグローバル市場拡大の時代が到来して流動化が始まったのである。経済力の力関係の推移をみても、主要国首脳会議として、G5（仏・米・英・西独・日）、G7（伊、加の追加）、G8（露の追加）、G7への回帰、そしてG20（新興国の追加）といったように多極化が進んだのだった。G7に対してG20が急浮上しているが、他方ではG0（主導国がいない多極化世界）といった表現さえ生まれている。そして国家的な枠組み自体もまた、9.11同時多発テロ事件、アラブの春以降の中東の混乱、そしてウクライナ問題、中東・シリア問題（ISの登場、難民の急拡大）など、大きな政治的揺らぎの波乱要因を増大させている。

　経済面での質的変化としては、産業構造のグローバル化、情報化（IT革命）、金融経済へのシフトが進むなかで、貿易面での大きな不均衡、金融資本の強大化（マネー資本主義）と世界金融危機、国家債務の拡大という構造的な歪み（富の偏在化）が進行している。[3] では詳細には深入りせずに、その構造的な歪みの指摘のみにとどめる。概況としては、貧富の差として国内的・国際的に深刻な格差問題を生じさせており、時限爆弾的なリスクを増大させているかに見える。

　経済状況としては、停滞局面を打開するべく市場化や規制緩和の流れとして、国内的改革を外圧の力を利用して推し進める動きが進行している。WTO（世界貿易機関）の調整の遅れを乗り越えるべくFTA（自由貿易協定）やTPP（環太平洋経済連携協定）などが推進されているわけだが、利益の増大が見込まれる半面で大きな経済構造の歪みの加速化につながりかねない矛盾もあって、反グローバリゼーションの動きも拡大している。ここでも、経済的な利害調整の動向が、政治的問題や国民生活の不安定化を呼びおこしかねない不測の事態（リスク）を内包しており、その複雑なダイナミズムを読み解く必要がある（図 I－12）。

　近年の歩みの全体状況を俯瞰するには、図 I－7（38頁）で示したような諸動向を読み解く必要がある。国際社会の主流ないし底流の動きとしては、圧倒的な力で進展している市場経済のグローバル競争があり、中心軸的な動きである。世界動向としては、地球環境問題や南北問題の是正をめざす環境レジーム形成の動きが一方でありつつも、グローバル市場経済のさらなる拡大・強化（グローバル経済・自由貿易レジーム）がより強力な勢力として世界を牽引しており、すでに指摘したとおり、せめぎ合う状況下で軋轢と矛盾を生んでいる。

　[2] でもふれたとおり、時代的な世界状況の変遷でやはり注目すべきは、1990年代初頭、地球サミットにみられたような新たな環境レジーム形成の動向である。ちょうど環境レジーム形成と並行して、旧社会主義圏をのみ込んだグローバル市場経済圏の急拡大（下部）が進行したのだったが、そこでの関係性と動態について掘り下げておく視点が重要である。再度ふり返れば、1990年初頭の冷戦構造の終焉において、東西対立の解消から世界の貧困問題（南北問題）や地球環境問題という人類的課題が大きく浮上して、とくに1992年の地球サミットを契機に「持続可能な発展」が世界的な共通課題として認識されるようになった。まさしく環境レジームの時代が到来して隆盛したのである。しかし、その

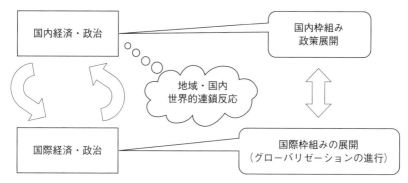

多様なレジーム（体制・制度・勢力）全体の動向分析
（対立、抗争、調整、協調）⇔正・負のダイナミズム

＊貿易（WTO体制）、経済制度・金融システム……資本主義・自由市場体制
＊軍事・競争・リスク社会……産軍複合体、国益、リスク管理

＊人権、福祉、平和、国際援助・開発協力
＊環境（気候変動レジーム、生物多様性レジーム、海洋、廃棄物・化学物質……
＊NGO・国際組織・国連機関・さまざまなアクター（NPO、CSO……

図I–12　多様なレジームの動態　　　　　　　　　　　　　　　（筆者作成）

後の推移は底流のグローバル経済の進展が世界全体をのみ込んで不安定さを増大させていく流れが主流化していった。

　ここでは詳細を論じずに結論を先取りするならば、状況的には経済システムの構造変革を抜きにして環境・人権・福祉レジームの大きな進展は望めないということである。詳細は第Ⅲ部［4］で論じるが、ざっとした概況分析を簡単に示しておこう。今日の経済システムは、すでにトマ・ピケティが『21世紀の資本』で詳細に分析したように資本主義の構造的ジレンマを抱えている状況がある。そこでの資本主義経済の大きな矛盾とは、実体経済を離れてお金をどう投資し増殖させるかを先読み（先取り）して、利益を生みだすマネー・金融資本優先の経済へと変貌している状況がある。その行き過ぎた事態として、2008年のリーマンショックに象徴される世界金融危機が誘発されたのだった。その金融的破綻を救うべく巨額の財政投入が行なわれたのだが、事態の改善はあまり

進まずに問題の先送り状況として、各国の深刻な財政危機を招く事態に陥っている。先進諸国の苦境に、中国、インド、ブラジルなどの新興国の経済発展への期待が高まっているのだが、従来型の発展を前提にした場合は、資源や環境面での限界のリスクに直面することが懸念され、ここに環境レジームとのジレンマ的な状況が出現している。近年は、トランプ政権の登場に見るように、環境より経済を優先する状況が鮮明になり、環境レジームの相対的な地盤沈下によってギガトン・ギャップを生む背景となっているのである。

# 4　環境レジームをどう主流化していくか

　時代変化の流れとしては、従来の経済・政治システムを再編する方向性として、持続可能な発展を軸としたマクロな制度形成への脱皮が求められているが、なかなか脱皮や変革の道筋が見えにくいのが現状である。実は、2008年リーマンショックを契機に世界を巻き込んだ世界金融危機は、システム転換を促す絶好の機会ともなりうる事態だった。だが変革へ向かうベクトルは、残念ながらその場しのぎの対応にとどまった。環境レジーム形成が未成熟の段階で、経済の土台が揺さぶられた結果として逆戻り的な事態を生んでしまったと言ってよい。

　当時、環境レジーム形成に向かうべく対応策として提起されたのがグリーン・ニューディールと呼ばれた動きであった。だが理念的には注目を集めたものの、それが実体として形成されるには至らずに、その後はグリーンエコノミーとして語られ、既存の経済を微修正する動きにとどまっている。変革に至らなかった要因はいろいろあるが、あえて乱暴にいうならば、環境レジーム形成の主要アクターとして浮上していたEU（欧州連合）のつまずきが大きかった。グローバル経済の進展で生じた米国発の世界金融危機の荒波に、EU自体がのみ込まれてしまい大きく翻弄されたのであった。

　環境レジーム形成に関しては、残念ながら主要なアクターの不在のなかで気候変動交渉が進むことになり、経済対立など矛盾をはらみながら米国と中国の動向を軸にして、当面は個別的な対応がしばらく続くことだろう。今後の動向に関しては、大きな土台構造の変革というよりはさまざまな微修正的な動きの積み上げ、いわば個別的な展開やSDGsに象徴される個別動向の積み重ねとし

て相互連動を模索する動きが当面は進むと考えられる。

　その点で、2015年の2030アジェンダとSDGsの動きは環境レジーム形成の流れとして重要な布石となっている。国連の枠組みとしては条約のような強制力はないが、国家的な枠組みを超えたさまざまな主体が関与し、参加型の積み上げが大きな役割をはたす仕組みの進展は重要な動きなのである。つまりグローバル・リスク社会への対応については、一つの見方としては国家的枠組みにとどまらない新たな発想や国際連携の輪を縦横無尽にひろげていくゲリラ的展開として展望することが可能かもしれない。かつて20世紀の金融恐慌の時代にニューディールが提唱され、格差是正への抜本的な税制改革や金融規制が強化された歴史があった。ひるがえって今日、国家財政の負債に反比例するかのように膨らみつつある多国籍企業の租税のがれ（タックス・ヘイブン）対策や、難民、テロ問題をはじめとして気候変動問題と並ぶ難問が山積み状態にある。そのなかで、諸関係の複雑な網の目を見定めながら個別的対応を超える新たな座標軸と土俵造りへの展望として、再度グリーン・ニューディール的なビジョンを追求すべき局面にあるのではないだろうか。

　第Ⅰ部では、大まかに基本的な社会編成の土台に目を向けて、中長期的な見通しについて簡略に見ておくことにしたい。いわば本書のアウトラインを先に示しておくことが本書全体の理解につながると考えるからである。より詳細な分析と展望については、本書の後半で展開していく。

## 参考文献

ウルリッヒ・ベック『危険社会』二期出版、1988年／法政大学出版局、1998年

ウルリッヒ・ベック『世界リスク社会論——テロ、戦争、自然破壊』平凡社、2003年／ちくま学芸文庫、2010年

「環境・持続社会」研究センター編、古沢広祐、亀山康子、澤昭裕、足立治郎『カーボン・レジーム：地球温暖化と国際攻防』オルタナ、2010年

ウルリッヒ・ベック『世界リスク社会』、法政大学出版局、2014年

トマ・ピケティ『21世紀の資本』みすず書房、2014年

古沢広祐・足立治郎・小野田真二編『ギガトン・ギャップ——気候変動と国際交渉』オルタナ、2015年

# ［4］

# 脱成長・持続可能な
# 地域社会の展望

## 1 世界構造を重層的にとらえる
### ──環境・社会からの視点

　以下では世界動向に対して、概況分析をふまえて総合的視点から大まかな展望について論じる。人類の影響力は臨界点にまで拡大し、気候の大異変を引きおこし、地球の生物種の大量絶滅をもたらすレベルにまで達したかに見える。かつて数百年から千年単位での変化のスピードが近年は急加速化して、20世紀の百年間で世界人口が約4倍に（15.6億人から60億人）、世界のGDP（国内総生産）総額は約18倍にまで拡大した（2兆ドル規模から38兆ドル規模、1990年基準値）。

　こうした急成長に対応して、脱成長経済をめぐる議論が活発化しているが、その発端とも言える代表的主張にローマクラブが発表した『成長の限界』がある。人口、工業生産、汚染、資源、食糧という代表的な指標による動態変化をシミュレーション解析したもので、環境や資源の制約下で近年のような成長・拡大は困難であることをさまざまな角度から問題提起したのだった。いわば環境決定論的な成長の限界ないし脱経済成長論として、その後の多くの論者の理論的な根拠となってきた。こうした環境決定論的な論拠とともに、他方では社会・経済的な視点や人間疎外論的な視点からの脱成長ないし反成長論的な主張も展開されてきた。ここでは、こうした主張を念頭におきつつ細かい検討はせずに、近年の持続可能な発展をめぐる議論や動向をふまえながら、大まかな展望を示すことにしたい。第Ⅰ部［3］までは、国際動向の現状分析として環境レジーム形

成について論じたのだが、［4］ではさらにその土台部分に関する把握のしかたと分析をふまえて、そこから描き出せる脱成長的な世界の姿について大まかな見通しを示すことにしたい。

人間存在をとらえる基本的視点としては、大きく3つの基本軸、「環境軸」（自然・人間生態系の形成）、「社会軸」（経済・政治を含む組織・制度の形成）、「文化軸」（個から集団のアイデンティティ、世界認識・心象の形成）からとらえることができる（詳細は終章参照）。脱経済成長を論じるには、人類の歴史的発展形態を検討しなおすとともに、現代社会を特徴づけている市場経済ないし資本主義的拡大メカニズムを総合的に解明する必要がある。いちおう、ここでは、主に環境軸に視点をおきつつ社会軸を含めて全体的展望を論じていくことにする。

空間的なスケールにおいて人間活動を支えるシステムは、ミクロからマクロまでの領域として区分けすると、個人、家庭、地域社会、国、国際などのように大まかに分けることができる。今日の私たちを取り巻いている世界の変化は、生活を支える構成要素の推移と領域の拡大としてとらえられる。それは、小は各種日常品から大は家具類・自動車・建造物に至るまで、さまざまな用具類やインフラ（生活・産業基盤）によって支えられている。それらは、いわゆる大量生産・消費・廃棄社会としての性格をおびて現われており、一面では環境問題を深刻化させている源でもある。日本という国の成り立ちをみてもわかるように、その生活領域は、グローバル化した社会経済システムとして国レベルを超えて世界レベルに緊密につながって存在している。このように私たちの生存と生活を支えるさまざまな重要領域を立体的・重層的に把握することは、生活や地域そして地球レベルにまで深刻化している環境問題の相互連関性とその対応策を考えるためには必須の視点である。

ここでは詳細は省くが、こうした視点に立って新たな対応として進行している代表的な動きを簡潔に整理してみると、表Ⅰ-2のように概観できる。それぞれのレベルは相互に連動しつつ興味深い動きがさまざまに展開されつつある。とくに地域社会のあり方を考えることは、ミクロレベルとマクロレベルをつないでいる中核的な位置（介入点）であることから、社会の変革について構想のためにも、社会ビジョンを示す上でもきわめて重要である。そして各レベルにおける個別動向と内容についての相互連動性を考察していくことが大切である。

表Ⅰ−2 ミクロからマクロまで、重層的な見取り図　　　　　　　（筆者作成）

| ①個人・家庭、生産システム・サービスでの動き |
|---|
| エコライフや環境改善、環境家計簿、グリーン・エシカルコンシューマー、環境共生型住宅の動き。環境影響評価（LCA）、エコデザイン、環境効率など各種エコプロダクト・サービス（環境調和型商品）の動き。有機農業や環境保全型農林漁業、パーマカルチャー、アグロエコロジー・フォレストリーなどの動き |
| ②各種事業体、コミュニティ・自治体などでの動き |
| 事業評価・環境マネジメント（ISO14001など）、環境監査、環境会計などの導入の動き。個別事業体をこえた風土産業、異業種エコロジー産業体の形成（ゼロ・エミッションなど）。環境調和型の地域社会・街づくり（エコヴィレッジ、トランジッションタウン、サステナブル・コミュニティなど）や地域計画・農村計画、環境自治体の動き |
| ③広域（地域・自治体をまたぐ領域）、国家規模での動き |
| 水源・水系・流域全体の生態系保全・管理などバイオリージョナル（生命地域主義）な視点に基づく農山漁村や地域支援の取り組み。都市政策・交通政策、国土計画、広域事業での環境影響評価（アセスメント）の徹底。環境基本法・環境基本計画の制定、各種法体系・規制の整備やグリーン・ニューディール政策の推進。国民経済計算に新たな指標を組み込む動き（グリーンGDP、幸福指標GNH） |
| ④国際、地球規模での動き |
| 国際環境条約、二国間・多国間協定の締結など。とくに持続可能な発展を基礎にした国際機関、援助・開発協力の改善・改革（国連SDG、グリーンエコノミーなど） |

ここでは表としての見取り図を示すにとどめる。重層的な展開とともに、4つの対応枠組みも示しておこう。すなわち、①技術的解決、②法的規制、③経済的手法（インセンティブ）、④社会・文化的対応の4つである。とくに技術的解決を実現させるためには、法的・経済的な仕組みとともに社会・文化の役割（教育、倫理など）が重要である（第Ⅱ部 [5]）。

　次にもう少し大きな社会経済の全体枠組みの動向について論じていくことにしたい。

## 2　社会経済の環境的適正からの乖離と是正

　諸矛盾への対応を考えるにあたり、まずは社会経済の全体像を概観しておきたい。富の偏在・集中度から経済発展のパターンを見たとき、大きくは自然密

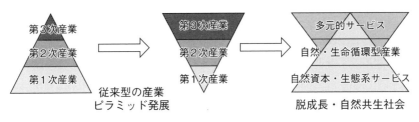

図I-I3　産業構造・社会経済の推移　　　　　　　　　　　　　　（筆者作成）

着型の第1次産業（自然資本依存型産業）から第2次産業（人工資本・化石資源依存型産業）、そして第3次産業（商業・各種サービス・金融・情報など）へ移行・拡大してきた。そして、GDP（国内総生産）の構成比を見てのとおり、経済的な富の源泉部分が、第1次から第2次へ、そして第3次産業へと移行しており、近年は金融経済の拡大へとシフトしてきたのだった。それは今日の大富豪が、情報や金融分野で富を蓄積している様子に端的に示されている。相対的にみて付加価値部分を上手に吸い上げる仕組みの上に、高所得が実現されるのであり巨額の富を築きあげているのである（第Ⅲ部［4］）。

　環境面では一見したところ、第2次産業（工業など）の環境負荷が大きく、第3次産業でのサービス・金融・情報関連産業自体は資源・エネルギー消費としては比較的少なく見える。しかしながら、それら第3次産業での諸活動が、第1次や第2次の産業の土台の上に築かれての活動であるという点は考慮すべきである。諸産業の活動は相互連関しており、部分だけ取り出して環境負荷の大小を比較するだけでは、問題解決としては不十分なものになりがちである。私たちの生活自体が、産業の高度化・高次化の活動の上に築かれているという視点が重要であり、全体として環境負荷拡大の構造のなかに位置している点は注意しなければならない。その意味でも、表I-2のような重層的な構造において変革の道筋を組み立てていく戦略が有効なのである。そして産業構造としても、再び第1次産業を基本におく将来ビジョンが重要だと考える（図Ⅰ-13）。この図は本書の終章の最後で示した「4つのシナリオ」（239頁）における里山・里海ルネッサンス（自然循環の共生社会）を先取りしたイメージ図である。

　経済発展と社会システムの関係をみたとき、20世紀から21世紀の発展パターンの特徴としては、世界人口の2割にすぎない先進工業国が、全体の資源・エ

ネルギーの8割近くを独占的に消費する偏在状況において象徴的に示されている。すなわち、経済的豊かさと環境負荷とは表裏の関係をもち、地球規模で一種の階級的社会を形成してきたのだった。その点では、一人当たりの$CO_2$排出量の格差に示されていることは富の偏在・集中度であって、それはまさしくこれまでの経済発展のあり方の矛盾を示しているのである。

　近年、先進諸国の環境負荷の改善が指摘されているのだが、そこに矛盾が隠されている側面に注意する必要がある。グローバルな社会経済の構成形態としてみた場合、途上国サイドへの製造業の移転などは、世界の工場として発展をとげた中国を見る如く、先進諸国の資源・エネルギー多消費構造が外部へと置きかえられていると見ることができるからである。経済発展と環境負荷の相関性を脱却するプロセスとは、個別技術（省エネなど）や産業構造の転換のみならず、個々人の消費スタイルや社会編成の成り立ち方や、各国の経済的基盤がグローバルにどう組み立てられているかなど、その入り組んだ複雑な構造についてまで詳細に分析し検討していく必要がある。

　このような状況認識下で、今日のグローバル経済の危機的状況を相対視し、さまざまな矛盾や問題を解明して明示することは重要課題である。そして個別対応ではない、総合的な問題克服のための見取り図、変革への重要な契機を見出す視点こそが重要だと思われる。現段階での変革の方向性については、結論を先取りするようだが、以下のような2つの展望として整理することができるだろう。

　第1は、金融危機以降に提起されたグリーン・ニューディール政策に代表される軌道修正（狭義の環境レジーム形成）の動きである。従来の大量生産・消費・廃棄の体制から脱却して、自然エネルギーなどの環境分野や農林漁業など第1次産業の再評価と積極的な育成や、環境ビジネスの創出をめざす方向性である。濃淡はあるが、こうした方向への新たな技術革新やESG投資（210頁参照）のような環境投資を促す政策展開が始まっている。その点では、北欧諸国やドイツなどの取り組みが先陣を切って動いており、地域づくりや地域計画の点でも学ぶべきことは多い。

　他方では、旧体制の維持や変革への抵抗も大きく、従来の化石燃料依存型の産業や社会構造が百年単位の蓄積の上に形成されたことを考慮すると、旧体制

転換のプロセスには時間を要する面も無視できない。さらに、多くの途上国は従来型の工業生産や社会インフラ形成の途上にあって大量生産・消費社会へと突き進んでいる現実がある。世界が全体としてトータルな変革へとつながる動きが進むかどうかは予断を許さない。変革の動きが、限定的でなく対症療法的な域を超えてグローバルな全体変革へと向かうプロセスをどう構築していくか、現段階での課題は多い。

　第2は、問題をより広くとらえて、経済や社会の歪みの是正を組み入れた抜本的な政策展開（広義の環境レジーム形成）の方向性である。その場合、経済・社会の歪みのとらえ方や改善内容でかなりの幅が出てくる。現在、既存の成長主義に対抗する脱成長論の提起などさまざまな議論が噴出している状況である。より長期的かつ本質的な変革の可能性については、明解な全体像を描き出すビジョン提示には至っていない。まだまだ模索状況と言ってよく、たとえば全体的展望をとらえる視点として、近年の環境思想研究における試みなどが注目される。そうした動向把握の類型化としては、T. オリョーダンの4つの類型、技術楽観主義、調和型開発主義、エコロジー地域主義、自然中心主義の諸潮流がタイプとして整理されている。[1] 筆者もそれら類型について、『地球文明ビジョン』において「環境と経済の両立可能性――調和型開発主義の台頭」として論じたことがある。こうした分析については、大きくは人間（技術）中心主義と生態系（自然）中心主義の2タイプ分けされるが、とくに後者の生態系の持続性を基礎とした政治・経済・文化制度の構築（緑の社会）の動きが注目される。

　以下ではこの第2の全体的変革に関する一つの問題提起として、筆者なりの素描を簡潔に示しておくことにする。個別的な動向分析にはいる前に、大きな見取り図を先に示すことで理解の一助になればと思うからである。

# 3　脱成長と地域循環をめざす変革の方向

　危機的状況を転機とするという意味で、今日の資本主義的な競争・成長型経済がこのまま永続すると考えるよりは、内外とも行き詰まりを迎えているととらえる視点に立つことは重要である。近年の世界経済の不安定化とバブル経済の動向については、金融資本主義的な膨張を起因としており、いわゆる生活に密

着した実体経済（生活経済）と金融を操って富（もうけ）の拡大をめざす「マネー経済」の離反現象として特徴づけることができる。端的に言って、より利益を生み出すことに駆り立てられ、経済（市場）規模を拡大せざるをえない仕組みのなかで、この成長・拡大の連鎖的活動が、外には資源や環境の限界に直面してきた。そして、内には格差と不平等、生活・精神面での質的な歪み（ストレス過多、いじめ、ひきこもり、暴力、生き甲斐の喪失など）を生じさせてきたのである。

　すなわちサステナビリティ（持続可能性）を実現する持続可能な社会の姿とは、競争一辺倒の経済や無限成長・拡大型システムではなく、相互協調・安定型のシステムへの移行によってこそ軌道修正が可能となると思われる。偏在化する富と個人的な物的消費による拡大・膨張経済は適正規模を逸脱してしまい調整局面を迎えているのである。いわば利己的な自己実現社会から社会性を重視する公正や利他的価値（お互いさま）の実現へとシフトが始まりつつある。従来のような価値の単純化と画一的見方（モノカルチャー型社会）ではなく、多様性と共存をめざす脱成長型の社会形成が新たな目標として浮上しつつあるのではなかろうか。

　あるいは文明パラダイム的視点からきわめて単純化して表現するならば、以下のように言ってもよかろう。かつての自然資源の限界性のなかで循環・持続型社会が存続していたのが、非循環的な収奪と自然破壊を加速化する現代文明に置きかえられてきて今日の世界に至っている。それが、地球規模で再び持続可能性の壁を前にすることとなり、新たな循環・持続型文明の形成を迫られているのである。1992年の地球サミット（国連環境開発会議）において、人類は2つの国際環境条約（気候変動条約、生物多様性条約）を成立させたが、これらは現代文明の大転換をリードすべく生み出された双子の条約と位置づけられる。従来の文明の発展様式は、化石燃料（非再生資源）の大量消費に依拠した文明であった。

　この"化石燃料文明"（非循環的な使い捨て社会）が、気候変動条約によって終止符ないし転換を迫られている。他方の生物多様性条約は、人類だけが繁栄する一人勝ち状況の脆さに警告を発して、生命循環の原点に立ち戻っての"生命文明"の再構築（永続的な再生産に基づく共生社会）への道筋をリードすべ

く生まれた条約と位置づけられる。いずれにせよ、人間存在を支えるために築かれてきた巨大システム構造は大きな調整局面にさしかかっており、それは社会経済システムの組み直しというレベルにまで至らざるをえないと考えられる。とくに今日の世界は、高度な市場経済システムを土台に編成されている。それを批判的に考察するにあたって、経済史的に観たときにK.ポラニーが提示した経済システムの3類型に立ち戻って考える必要があると思われる。

　3つの類型とは、互酬（贈与関係や相互扶助関係）、再分配（権力を中心とする徴収と分配）、交換（市場における財の移動・取引）である。それぞれは歴史的、地理・文化的な背景のなかで多種多様な存在形態をもつが、とくに交換システムが近代世界以降の市場経済の世界化（グローバリゼーション）において肥大化をとげ、諸矛盾を拡大してきたのだった。市場システムの改良ないし改善という方向性（狭義の環境レジーム形成）を否定はしないが、将来的により重視すべきは、3類型を今日の社会経済システムにあてはめて、社会経済システムの根幹を再構築するという視点（広義の環境レジーム形成）が重要ではないかと考える。

　その詳細については、第Ⅲ部にて詳しく展開していく。

## 注

1)　T. オリョーダンの原著の邦訳はないが、加藤久和「持続可能な開発論の系譜」『地球環境と経済』（講座・地球環境3）中央法規、1990年などが参考になる

## 参考文献

勝俣誠・マルク・アンベール編著『脱成長の道』コモンズ、2011年

佐伯啓思『大転換—脱成長社会へ』NTT出版、2009年

E. F. シューマッハ（原書1973）『人間復興の経済学』斎藤志郎訳、佑学社、1976年

E. F. シューマッハ『スモール イズ ビューティフル』小島慶三・酒井懋訳、講談社、1986年

セルジュ・ラトゥーシュ『経済成長なき社会発展は可能か?』中野佳裕訳、作品社、2010年

広井良典『グローバル定常型社会』岩波書店、2009年

ブライアン・バックスター『エコロジズム——「緑」の政治哲学入門』松野弘監訳、ミネルヴァ書房、2019年

古沢広祐『地球文明ビジョン』日本放送出版協会、1995年

松野弘『環境思想とは何か』ちくま新書、2009年

見田宗介『社会学入門』岩波書店、2006年

メドウズほか（原著1972年）『成長の限界』大来佐武郎監訳、ダイヤモンド社、1972年

メドウズほか『限界を超えて』茅陽一監訳、ダイヤモンド社、1992年

メドウズほか『成長の限界　人類の選択』枝廣淳子訳、ダイヤモンド社、2005年

# 第Ⅱ部

# 自然共生と
# エコロジー社会の展望
## ——食・農・環境からの社会変革

ここからは、より具体的な課題テーマについて詳しくみていこう。人間と自然との関係性については生命循環の視点が重要である。その土台を形成しているのが、食・農・環境の領域である。この領域分野に焦点をあてて、より具体的な動向の分析と課題を明らかにしていこう。

食と農、そしてエネルギーや生物多様性などの領域で実際におきている動向では、諸矛盾が集約的に現われていることから、詳しく掘り下げてみたい。

# [1]

# 技術革新がもたらす近未来の世界
## ——バイオ経済と生命操作、食・農・環境への影響

　第Ⅱ部［1］では、現代の科学技術社会において近年脚光を浴びだした生命科学がリードするバイオエコノミーについて、大きな枠組みからその動向と課題を見ていくことにする。

## 1　バイオ経済をめぐる最近の動向

　バイオエコノミー（Bioeconomy、以下ではバイオ経済と略す）という言葉が国際的に使われ出している。OECD（経済協力開発機構）は2005年の報告書で、2030年にはバイオテクノロジーを利用した産業が全GDPの2.7%（約200兆円、OECD加盟国内）規模へと成長するとの見通しを示した。2012年には、欧州委員会が「バイオエコノミー戦略」を公表、米国も「国家バイオエコノミー青写真」（オバマ政権、当時）を発表した。2015年11月末にはドイツでバイオ経済・サミットが開催されたが、その翌週にパリで開催された気候変動枠組み条約会議（COP21）に関連するバイオ関連産業の役割が強く意識されたものだった。

　2017年に出された「欧州バイオ経済マニフェスト（宣言）」では、各種産業団体、研究機関、環境団体など28組織が名前を連ねている。こうしたバイオ経済が脚光を浴び始めた背景には、これまでの遺伝子組み換え技術の段階から飛躍的に発展してきたゲノム編集や合成生物学の出現がある。すなわち、ゲノム（生物の全遺伝情報）の情報解読・解析から生物機能の改変・発現までの新技術が急発展しており、その急速な技術革新が広い領域に及ぶことでバイオ経済という新たな潮流につながるとの期待が高まっているからである。[1]

COP13　全体会議の様子　（メキシコ　2016年12月、筆者撮影）

　バイオ経済の推進役として期待される合成生物学は、生命の源である遺伝子を操作・改変して新たな機能をもった生物体をつくりだそうとする発展途上の学問である。その適用範囲は医薬品・香料・健康分野から食品・農業・育種分野、化学産業やエネルギー・環境分野まで広領域に及ぶと見込まれている。かつて19世紀末に合成化学による技術革新が、プラスチック、ナイロン、化学染料などを生み出し、合成化学肥料や農薬まで含む広範な化学産業を隆盛させたように、21世紀はバイオ産業が興隆するとの楽観的期待が膨らんでいるのである。そこでは、さらにナノテクノロジーや情報技術（IT）の革新が加わり、遺伝情報解析から人工知能（AI）、3Dプリンター、IoT（ネットに繋がる事物）、ロボット工学など一連の技術革新が連動し合って、第4次産業革命の時代が到来するといった希望的観測も出始めている。

　その反面では、かつてもてはやされたIT革命がバブル（泡）に近かった状況の再来との冷めた見方や、合成生物学と言っても複雑で微妙な働きからなる生命体の機能は容易には産業化できないどころか、負の側面として自然生態系への人為介入による未知のリスク、社会・倫理面からの懸念など、慎重な見方も一方で出始めている。技術革新の波や産業の変革など、イノベーションの時代と言われる変革のダイナミズムとその影響力については、短期的視点のみならず長期的視点からどうとらえるか、正負の両側面などさまざまな視点から考える必要がある。

　はじめに最近の世界動向において、関連する国際会議の話題から紹介することにしたい。すなわち、従来の遺伝子組み換え技術を凌駕するものとして急浮上してきた合成生物学に関して、国際的な環境条約である生物多様性条約会議で大きな議論が巻きおこっている様子について見ていこう。

# 2　合成生物学が議論された生物多様性条約会議（COP13）

　生物多様性条約は、絶滅危惧種や貴重な遺伝資源を保全して持続可能な利用をめざす取り組みであり、1992年の地球サミット（国連環境開発会議）において気候変動枠組み条約とともに調印された。1993年に発効し、条約の締約国会議（COP）がほぼ2年おきに開催されており、2016年はメキシコのカンクンにて第13回締約国会議（COP13、12/4〜17）が開催された。筆者は2010年に名古屋で開催された第10回締約国会議（COP10）以来、同会議に参加してきたが、第13回会議（COP13）は、とくに農業分野と健康、観光（ツーリズム）などが重点的にあつかわれたが、合成生物学も論点に浮上した。

　農業との関連トピックとしては、トウモロコシ、トマト、ジャガイモ、唐辛子など中南米原産の作物が世界中に行き渡り、私たち人類の食文化と栄養の改善に大きく貢献してきた。それに関しては、農業・生物文化多様性の貢献として興味深い論点が数多くある。農と食と健康との関連や環境との深い関わり合いに関する分科会が、同会議では注目された。その内容については別に紹介したいが、ここでとくに取りあげたい事柄としては、水面下で急浮上してきた合成生物学をめぐる議論の動向である。

　生物多様性条約は、地球上に生息する生物種とその生態系が、人間活動により消滅の危機に瀕している事態への対処とともに、多様な生物種を支える遺伝資源の保全と有効活用についての国際的な枠組み条約である。本条約がカバーする領域はたいへん広く、具体的な課題と取り組みには、遺伝子組み換えなど改変生物（LMO）の取扱いを定めたバイオセイフティ（カルタヘナ）議定書（2003年発効）、遺伝資源へのアクセスと利益配分（ABS）を定めた名古屋議定書（2014年発効）、愛知目標（生物多様性保全の実施のための20目標、期間2011〜2020年）などがある。

　これまで地球史上で過去に5回ほどの大量絶滅がおきたことがわかっているが、それらに比べても現在起きている大量絶滅は急速かつ大規模に進行している。年間に何種が絶滅するかという絶滅速度という指標では、過去の自然状態より百倍から千倍という想像を絶するスピードで進行中だと推定されている。愛知目標などによって、絶滅速度を抑えて保全を拡大していく目標はできているのだが、実際には達成困難な状況にある。[2]

　さらに問題となってきた事態としては、自然界の生物種を絶滅させていく一方で、遺伝子操作の技術が近年急速に発展して、合成生物学の登場を迎えたことである。すなわちゲノム編集や人工的にDNAを加工・合成する技術などが驚くべきスピードで発展した結果、生命さえも人工的に創り出す可能性を秘めた合成生物学と呼ばれる科学技術が新展開してきたのである。自然界の生物種を絶滅させる事態の一方で、人工的に新生物種を創り出せるかもしれない時代が到来しつつあることから、こうした事態への評価をめぐって賛否両論の議論が巻きおこっている。

# 3　保全と開発が両立する道筋

　現在、このような状況に対処する国際的な枠組みとしては生物多様性条約ぐらいしか機能していないことから、合成生物学をめぐる議論が締約国会議で急浮上したのである。現在進行形で話題を呼んでいる合成生物学については、その定義自体を今なお論議している状況であり、生物多様性条約の会議で正式に議題となったのは2014年開催の第12回会議（COP12、韓国）からであった。

　従来からの技術としては遺伝子組み換え技術があり（1970年代以降）、それは他の生物の有用遺伝子を媒介に運ばせて導入するもので、そうして組み換えられた改変生物体（GMO、LMO）を各国が規制する取り決めとしては、バイオセイフティ（カルタヘナ）議定書が定められたのだった。現在進行形の合成生物学は、個々の遺伝子の改変・導入からさらに進んで、多数の遺伝子組み合わせを挿入したり、既存の遺伝子をあたかもハサミとノリで細工するかように直接操作し編集できる段階にはいっている。そうしたゲノム編集の代表的技術にCRISPER/Cas9（クリスパー・キャス9）などがあり、従来よりも格段に簡便・

安価かつ効率的に行なえる技術である。そこでは、他の生物の遺伝子を導入せずに個体の遺伝子を編集・改変できることや、遺伝情報配列の複製利用を簡便に行なえることから、従来の規制枠組み（バイオセイフティ・カルタヘナ議定書）からはみ出す事態がおきているのである。

　利用面では、医療・健康、食品・農業、バイオ燃料や環境修復まで広範囲の応用が期待されており、すでに莫大な研究費と開発投資がつぎ込まれている。技術的には夢の可能性が期待される一方で、潜在的なリスクについてはまだ計り知れない状況にあることから、検討すべき課題や社会・倫理面での批判（人知の過信、自然や生命への冒とく）など、議論が百出している。論点となった新技術の一例としては、「遺伝子ドライブ」と呼ばれる遺伝子改変技術がある。強力な遺伝子操作（たとえばマラリアを媒介する蚊の不妊化）でマラリア蚊を撲滅できる見通しがたつ半面で（一部地域で実験が進行中）、その強力な影響力から生物種や生態系への破壊的影響、さらに軍事・犯罪面でのバイオテロの懸念（バイオセキュリティ）などから、社会的に関心が高まってきている。

　COP13会議での議論と決定事項としては、合成生物学の運用上の定義を示して、便益や悪影響に関する継続的検討を進めること、ひろく情報提供を求めること、などで落ち着いたのだった。いわば慎重派と推進派の当面の妥協的な決着であり、判断の先送りとして審議継続となったのである。生物多様性条約については、その特徴として自然保護・保全とともに持続可能な利用をめざす、保全と開発の両立の道を探るという性格をもつ。それだけに現在、急速に発展する科学技術の新領域（開発の最前線）との間で保全と開発がぶつかり合う局面（軋轢）は多くならざるをえない。

　似たような論点の対立例としては、ジオ・エンジニアリング（地球・気象工学）の研究と実際的適用に関する議論がある。ジオ・エンジニアリングとは、太陽光の入射制御や$CO_2$固定などの大規模技術(地球温暖化への対策)の研究であり、気候変動条約の会議では対応策の研究として期待する流れがある。しかし、生物多様性条約の会議では、大規模に適用された場合に気象のみならず生態系への悪影響が懸念されるとの議論が行なわれてきた。実際、2010年のCOP10会議（名古屋）では大規模なジオ・エンジニアリングの実験への懸念として、モラトリアム（一時停止）が決議されたのだった。同様に2つの条約間での立場

の違いとしては、早く成長するユーカリ植林やバイオ燃料作物の奨励策（炭素固定としての有効性）の反面で、森林生態系の多様性を破壊するとの懸念があり、二条約間での相互調整の必要性が議論されている。

# 4 生命操作技術は、農業と社会に何をもたらすか

　新技術の適用や社会的普及については、さまざまな観点から議論する必要がある。通常の新技術の場合、費用・便益による分析や影響評価などが行なわれてきた。すなわち経済面でのコスト（負）とベネフィット（正）が検討され、安全性や環境・社会影響に関しては法的規制（法令順守）に抵触しないよう考慮されてきたのだった。問題になるのは、影響評価が難しい事柄や社会的価値・倫理的な判断が問われる事柄についてであり、新たな規制や法整備などさまざまな対応が求められる事態がおきている。そして、不確実な段階での社会的受容の問題においては、いったん既成事実化すると後からは制御しにくい事態がおきやすい傾向をもつ。それは公害問題での苦い経験や公共事業でおきた出来事（アセスメントの不備など）、最近では原子力開発をめぐる問題などにおいて、事前評価の甘さや不完全さという事態がおきたことに示されている。

　影響評価や社会・倫理面に関しては、近年の遺伝子組み換え食品をめぐる問題状況などでも問題になってきた。国によって対応についての相違、評価・判断の振れ幅がいかに大きいかが実際に生じている。大状況的には、欧州を中心に予防原則（事前警戒的対応）を基本とする慎重な立場と米国にみる活用重視（行為優先的対応）の積極的立場とで、大きな相違が生じているのである。その背景には、市民社会の価値意識の差が影響しており、さらに政策形成における諸勢力の政治力学的なパワーバランスの相違などが強く反映している。

　米国のように規制緩和して行動を誘発し、ビジネスチャンスを活かすことが優先される社会では、技術開発や産業発展が進みやすい傾向をもつ。そしてグローバル市場競争が激化している国際社会では、規制の足かせは競争力の低下につながりかねないことから、規制緩和をもとめる声は強くなりがちとなる。その反面では、環境規制などが新たな技術開発の原動力となる側面もある（省エネ・公害防止技術など）。新たな規制についての内容や程度、影響力を推測し

て長期的な見通しをもって戦略を立てていく動きが、近年は重要性を帯びてきている。

　現在進行形のバイオ技術の新展開は、未知の部分が大きいだけに影響評価や価値判断に関してはかなり大きな振れ幅が生じている。上記のように予防原則と慎重な立場を特徴とする欧州でも、冒頭にふれたバイオ経済を経済発展の中軸に据える動きがあるように一枚岩ではない。その点では、大状況的な動きとともに具体的な企業活動や産業動向を見ていくことが重要となる。また過去の歴史的経過をふり返り、具体的な分野でどんな影響がもたらされるか、現実に進行している事態と照らし合わせつつ将来動向を考えることも有効である。その点に関して、前述のCOP13において市民運動団体（ETCグループ）が予防原則的な視点から興味深いレポート「合成生物学と生物多様性、農民」を公表しているので参考に取りあげてみたい。[3]

# 5　新技術がもたらす社会的影響

　これまでも数々の技術革新を契機にして、社会が大きく変化してきた歴史がある。19世紀末の化学合成による技術革新が、プラスチック製品や合成繊維・染料を生みだした際に、かつての絹がナイロン繊維に代替されたことで養蚕農家が立ち行かなくなるという事態がおきた。そのような事態が再びおきるのではないか、合成生物学の技術革新により引きおこされる可能性について、レポートは次のような警鐘を鳴らしている。

　懸念される事態としては、途上国を中心に生産されている天然の香料や芳香の生産農家において、大きな影響を受けるだろうと分析している。これらの産品は、飲食料品から化粧・装飾品に至るまで多方面に利用されており、その価格は比較的高く取引され、2013年の香料と芳香の世界市場の取引金額は239億ドル、2019年には350億ドル規模へと拡大が見込まれる成長分野である。この市場では、生産農家は途上国を中心にして小規模の家族農家だが（一部先進国の農家を含む）、それらを買い上げて製品化しているのは大手多国籍企業であり、現在4つの大企業が6割近く（トップ10社では8割）を占めている寡占状態にある。

　こうした企業は、合成生物学を適用した技術開発に関与しており天然品を凌

駕する製品開発をめざしているという。レポートの事例紹介では、バニラ、サフラン、ココアバター、ローズオイル、ステビア、朝鮮人参など13事例を取りあげて、現状の生産状況とその文化・社会的な背景や特徴、地域経済への影響などについて解説しつつ、関係する企業による技術開発の取り組み状況が分析されている。将来予測はなかなか難しいところだが、代替品が生みだされれば生産農家には大きな打撃となることは予想されるところである。現段階では、新技術の適用は開発投資に見合う比較的価格が高い産品での動きが中心であり、いまだ未知の部分が大きい状況である。

　現在、農業分野での直接的な影響として考えられることは、新技術で期待されている品種改良など育種分野で生じる新展開である。当面の問題は、遺伝子組み換え技術の適用問題と同様の規制が、新技術についてどの程度まで及ぶかなどが検討課題となっている。また関連した影響としては、技術開発につきものの特許問題、すなわち知的財産権をめぐる論点や産業の再編動向も見過ごすことはできない。知的財産権は、生物多様性条約の名古屋議定書（ABS）に関わる問題でもあり、さらに世界貿易機関（WTO）や世界知的所有権機関（WIPO）、植物新品種保護国際同盟（UPOV）などとも関係している。そして産業界の動向のみならず、農民の権利との軋轢としては在来種の保全と利用（自家採種）について、その権利と規制のあり方をめぐっては対立点もあることで課題の多い分野である。

　特許とともに重要な論点としては、消費者の意識やとらえ方の動きである。すなわち、遺伝子組み換え食品、有機農産品、天然・自然栽培などがどのように表示されて、消費者がどんな価値観から選択行動をとるかで、市場動向が大きく影響される。そうした消費者意識として最近注目されるのがエシカルな消費者行動（社会的意味の問いかけ）である。このような動きに対して、企業・生産側もそうした動きに対応せざるをえない事態を生じさせることになる。つまり、何をつくるか生産技術がそれのみで独自に展開する時代から、消費者の意識や価値観などによって大きく左右される時代へ向かう動きも顕在化しているのである。

　従来のような技術革新や流行形成による新製品（生産サイド）が、消費者のニーズを呼びおこす流れの方が主流となるのか、消費者サイドの価値観の変化とし

て環境配慮や社会的配慮（エシカル）などが影響力をもつ流れになるか、社会のあり方が問われる時代を迎えていると言ってよい。SDGsとの関連では、ゴール12（つくる責任・つかう責任）の動向と大きく関わる問題である。

　技術革新の方向性に関して、最近では、市民と科学技術をめぐるリスクコミュニケーションやコンセンサスの場づくり、サイエンス・カフェやインターネット対話、フォーサイトなど科学と社会の対話形成が模索されてきた。日本ではあまり認識されていない面が強いのだが、科学・技術・社会（STS）や市民参加を含む科学技術の倫理・法・社会的課題の検討（ELSI）などの動きが欧米を中心に活発化している。近年はエシカルをめぐる動向など、企業の社会的責任（CSR）やガバナンス（統治様式）のあり方に関する模索が続いている。

　こうした価値観やガバナンス形成の動きは、各国の市民社会や政治システムの性格が強く影響する面とともに、グローバル化する世界の相互影響力も強まりつつある時代においては、今後その動向への目配りは重要にならざるをえない。とくに、食と農と環境をめぐる将来展望については多くの論点が山積しており、[2]にて詳述したい。

# 6　人類史の歩みと科学技術の発展をどう見るか

　以上、バイオ関連の新技術の展開状況とその受けとめ方について見てきたが、技術発展のあり方とその未来をどう考えるかについて、簡単な問題提起をしておきたい。SDGsは2030年を目標年とする比較的短期間での政策目標の提示である。しかし、その背後には社会システムの本格的な変革への指向性が見え隠れしている。そして、残念ながら社会システムそれ自体をどのように変革するのかの問いは、明示されずに私たち自身へと投げかけられたままである。その問いとは、社会をどうとらえ、人間存在をどのように理解するかへの問いと不可分に結びついている。SDGsの背後に隠れているこの問いに、本書は正面から取り組んでいるわけだが、ここでは多少とも哲学的なこの問いについて、本書での論点の先出しということで以下に述べておこう。

　現在、物質・エネルギーの起源から社会、生物界、地球、宇宙の巨大構造までを理解しだした人類は、その認知能力と操作対象を自然の仕組みや生命の設

計図（DNA）自体にまで拡張させている。気候変動に対する適応と気候システム管理の可能性（ジオ・エンジニアリング研究）、遺伝子操作のみならず合成生物学の新展開、ロボット技術や人工知能（AI）の開発も急展開しており、2040〜2050年頃には人間の大半の能力をAIが超えるだろうと言われはじめている（シンギュラリティ：技術的特異点）。

　科学技術の加速度的展開がAI研究でシンギュラリティを生むのと似た事態が、遺伝子操作技術でも生じてくるのではなかろうか。従来の育種技術では何年もの歳月が必要であったことが、何十倍、何百倍ものスピードで簡易に広範に行なわれる事態については、ちょうど地上での移動（速度）から天空を舞い飛ぶ移動（速度）の世界に突入する事態だと比喩的に考えられる。それは、自然界で生じる遺伝子改変状況（変異速度）をはるかに超えた未知なる事態を人間が操作的に創り出すことを意味している。

　こうした事態をどう考えたらよいのだろうか。急速な「繁栄と発展」の反面で、私たちは自分の存在基盤を突き崩す事態を徐々に引きおこしつつあるのかもしれない。自分たちの存在についての根源的な理解がないまま、自身がこの世界で存続できなくなる事態さえ引きおこすという自己矛盾、存在の揺らぎに陥っていく状況が進行しているのではなかろうか。

　人間という存在は、道具や言葉による概念形成を駆使して、自立的に世界を改変・改造する個的・社会集団的な活動を展開して世界を形成してきた。自立的存在という意味では、自由意志によって対象を操作する力を展開しうるわけだが、その意志自体は、時に他者や自分自身をも操作対象とし、場合によっては抹殺しうる不安定な存在でもある。悠久の歳月のなかで人類は試行錯誤を重ねながら、いわば歴史（進化史を含む）的にそれなりの安定系を増改築しながら、今日の近代社会を形成してきたと考えられる。この安定系は、学問的には倫理意識や慣習、そして法制度の形成など、広義のガバナンス形成としてとらえることができる。

　しかしながら、私たちは、どちらかというと目（指向性）を外ばかりに向けてきたきらいがあり、自らを省みる能力については十分な発展をとげていない状況にある。自然を制御し環境を改変する科学技術力の巨大化、分業と産業発展、市場拡大による経済構成体の肥大化など、いわゆる「外向的発展」に比べると、

人間自身の個的存在と社会的存在への認識力、洞察力や制御力という「内向的発展」に関しては未発達であり、過去の戦争や大虐殺の悲劇、現在も続く内戦、そして身近な差別やいじめ現象に至るまで、人間自身の存在様式としては相対的に貧弱な様相を呈している。それは、宇宙開発やモダンな超高層建築物が続々と実現される一方で、世界各地の深刻な貧困や差別・抑圧状況に対して、十分に対処できていない事態において端的に示されている。

　内向的発展としては、たとえば倫理・宗教、思想・哲学、歴史学、人類学、教育学、心理学、社会学、法学、政治学などによって追究されてきた分野と考えられる。だが、それらの成果やその影響力は、今日の社会においては副次的な位置にしか置かれていないように見える。それどころか、最近の人文・社会系の学問の軽視と理工系重視の傾向や目先の実利主義への傾斜は、人間存在の基盤をますます操作主義的方向や道具的思考へと導いて外向的発展へと駆り立てているかにみえる。

　人間活動は、能力の拡張・発展としてみた場合、手足（道具・機械）の延長、頭脳（情報系）の延長、大地の延長（自然改良）として特徴づけられる。人間とは、時空をまたいで世界を認知し、関与し、改変し、そこに集合的な組織と人為的空間としての人間社会（政治・経済・文化複合体）を創り出してきた。人間社会が築き上げてきたハード（居住・交通・産業など）とソフト（情報・組織・制度など）の巨大なモザイク的構成体は、日々増殖して発展をとげている。個々の人間がこの超肥大化した構成体において養われつつ、日々その活動を組織化しながら日常生活を送っている。そのような姿を巨視的に見るならば、ちょうど無数のシロアリの群集がアリ塚を築いて生活していく姿と似たような活動形態としてとらえられる。個々の人間活動をトータルな有機的構成体、ある種の超生命体のような存在として見るとその不可思議な実態が把握しやすいかもしれない。

　人間という存在形態は、非常に奥深い内実を秘めている。人間が世界を対象化し、関与し、操作する行為は、ひるがえって自分自身をも操作対象としていくことにも通じる。それはちょうど人間が野生生物を家畜や作物として囲い込んで飼いならしてきた活動に対比すれば、自分自身を飼いならす自己家畜化現象とでも言うべき動きとしてとらえることができる。進化論的視点に立てば、自然選択・淘汰によって多種多彩な生物種が進化してきた出来事が、現在の人

類社会では、自分たち自身を人為的な操作の下（人為環境）で育み養っている
のである。自身を取り巻く環境自体を改変しつつ、そのなかの相互作用の下で
選択・改良が進行していくような状況として見ることができるだろう。

　その今日的状況は、遺伝子組み換えやゲノム編集技術、合成生物学の発展に
よって、作物や家畜の品種改良にとどまらずに、一線を越えて人間自身をも改
変していくような優生思想的世界にまで踏み込んでいく可能性を秘めている。
それは、未来世界の話、SF小説で語られている人類が新たな人為的な進化に至
る道、すなわち遺伝子改良が行なわれたジーンリッチ族と、自然のままにとど
まるナチュラル族の分離現象を生じる道につながるものかもしれない（映画「ガ
タカ」など）。私たちがいま目にしている動きは、トランスヒューマン（超人間
的存在）やサイボーグ的人間への移行がおきる将来世界の可能性について、そ
の兆候の萌芽的な現われとも考えられる。科学と人間、社会形成をめぐるダイ
ナミズムは加速化しており、いまや本格的に人間存在の根源が問われる大変動
期に入り始めたのである。4)

　第Ⅱ部[1]は、そのような事態についての導入的な概観を示したものであり、
さらなる考察については終章にて詳述することにしたい。

## 注

1）　産業構造審議会・商務流通情報分科会バイオ小委員会『バイオテクノロジーが生み出
　す新たな潮流』中間報告書、2016年7月
　http://www.meti.go.jp/press/2016/07/20160714001/20160714001.html
2）　ミレニアム生態系評価2005、「平成22年版環境・循環型社会・生物多様性白書」
　環境省
3）　ETC group, Synthetic Biology, Biodiversity & Farmers, 29 November 2016.
　http://www.etcgroup.org/content/synthetic-biology-biodiversity-farmers
4）　第Ⅱ部[1]は、以下の論考をもとに大幅修正してまとめている。
　古沢広祐「バイオ経済・生命操作は農業と市民社会に何をもたらすか」『農業と経済』（臨
　時増刊号）昭和堂、2017年3月

## 参考文献

池内了・島薗進『科学技術の危機　再生のための対話』合同出版、2015年
石井哲也『ゲノム編集を問う—作物からヒトまで』岩波新書、2017年

カウシック・S・ラジャン『バイオ・キャピタル　ポストゲノム時代の資本主義』塚原東吾訳、
　　青土社、2011年

小林信一編著『社会技術概論』(改訂版) 放送大学教育振興会、2012年

藤岡典夫・立川雅司編著『GMOグローバル化する生産とその規制 (農林水産政策研究
　　叢書　第7号)』農山漁村文化協会、2006年

古沢広祐「環境共生とグリーン経済の将来動向―生物多様性がひらく新展開の行方」
　　『農業と経済』昭和堂、2014年10月

古沢広祐「人類社会の未来を問う―危機的世界を見通すために」『総合人間学10　コミュ
　　ニティと共生――もうひとつのグローバル化を拓く』学文社、2016年

三上直之, 立川雅司『「ゲノム編集作物」を話し合う』ひつじ書房、2019年

# ［2］

# 進展するグローバル世界
## ——3つのパラダイムとフード・レジーム

## 1 歴史的転換点——続発した激動の出来事

　最新の科学技術イノベーションにともなう大きな変動状況を［1］では見てきたが、視点を時代変化の時間軸上におきつつ、視野を少し狭めた範囲に定めていくことにしよう。20世紀後半から21世紀前半の時代に焦点を定めて、近年の対抗的関係、諸勢力のせめぎ合いについて、詳しく見ていくことにする。世界史的には、20世紀末から21世紀初頭に続く一連の出来事は、まさに歴史的な画期として位置づけられる。ベルリンの壁の崩壊（1989年）以後の東西冷戦構造の終焉と社会主義体制の自壊が進み、地球サミット（1992年、国連環境開発会議）や京都議定書（1997年）に象徴される地球環境問題の深刻化への対応、そして2001年の9.11同時多発テロ事件、2008年秋（リーマンショック9.15）の世界金融危機の進行や欧州の財政危機（2011〜2012年）、日本においては東日本大震災と原子力発電所事故など、世紀を画するような出来事が続発してきた。

　2010年前後に生じた時代を画する出来事について、食・農・環境の分野において少し詳しく見ていこう。2007年から2008年前半にかけて深刻化したのが、世界的な資源価格・食料価格の高騰だった。とくに食料をめぐる厳しい状況は、世界食糧危機として一部進行し、とくに途上国を中心に食糧暴動が多発したのだった。2008年6月の食料サミット（ローマ）、続く7月のG8サミット（洞爺湖）において、資源価格・食料価格の高騰に対して、世界的な協調と協力が呼びかけられた。その後、金融危機の深刻化と世界経済の停滞局面によって資源価格・食料価格は落ち着きをみせたが、潜在的には不安定性はその後も継続している。

　食糧危機がおきた背景には、中国やインドなど途上国の経済成長により食物
需要が高まったことや、バイオ燃料用に需要が高まったこと、投機マネーの流
入などの影響が大きかった。そうした直接的影響のみならず、世界人口の動態
において構造的な変化もおきていた。国連人口統計によると、世界全体で都市
人口が農村人口を上回る年となったのである（2008 ～ 2009）。すなわち、途上
国を含む世界規模で食料の消費人口（都市）が生産人口（農村）を上回ったこ
とを意味しており、食料生産・消費構造の根底が大きく変貌しているのである。
そして隣国の中国でも、経済発展のなかで都市人口が農村人口を上回る事態が
おきている。

　構造的揺らぎとしては、すでにふれたとおり環境問題とりわけ気候変動の深
刻化がある。温室効果ガスの世界的削減取り組みを定めた京都議定書（先進工
業国のみの削減義務）の後、新たに合意されたパリ協定（2015 年）の枠組みが、
2020 年以降どう進展していくか波乱含みで動いている。経済面では、サブプラ
イムローン破綻を契機にして米国の金融危機がおき、世界を巻き込んで事態が
深刻化した（2008 年秋）。世界の金融資産規模が実体経済の数倍規模にまで膨
張したあげくの破綻であった。経済活動がモノの生産や売買を逸脱し、投機（マ
ネーゲーム）化して金融危機を誘発し、雇用悪化や貧困問題を深刻化させたの
だった。こうした状況下、米国ではオバマ新政権が誕生する一因となったが、
その後の反動としてトランプ政権を誕生させるなど、政治・経済体制の大きな
振幅を生む構造的変化を進行させたのである。

## 2　フード・レジームとパラダイム展開の動向

　全体的動向を見ていくための視点について、ここでは世界の枠組みを大きく
把握するのにパラダイム（世界認識の根底にある枠組み）という概念を使用し
て見ていくことにしたい。そもそもパラダイムという言葉は、科学史家のトーマ
ス・クーンが提唱した地動説が天動説に置き換わったような世界観（世界枠組み）
の大変革を表わす概念だが、近年はさまざまな分野でパラダイムという用語が
使われだしている。食・農の分野に関して英国のティム・ラングらは、20 世紀
の食料生産を特徴づけてきた生産主義パラダイムからの転換が起きつつあると

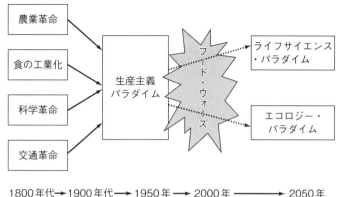

フード・ウォーズの主戦場は以下のとおりである。
①食事、健康、病気予防、②環境破壊、③消費者の獲得、④食料供給のコントロール、⑤フード・ビジネスの種類、⑥対立する思想・見解

図Ⅱ-1　フード・ウォーズの時代的推移　　（出所:『フード・ウォーズ』30頁)

とらえ、その転換をライフサイエンス・パラダイムとエコロジー・パラダイムの対抗・対立（フード・ウォーズの時代的推移）として描いている。

　品種改良・機械化・化学化（農薬・化学肥料依存）や食品加工の高度化、大量生産・大量輸送技術の進歩と貿易拡大によるグローバリゼーションの進展がもたらした繁栄（生産主義の成果）の影で、先進国・途上国それぞれに危機的状況が進行しつつある。世界人口の1割を超える飢餓人口の一方で、ほぼ同数の過剰な飽食と肥満疾患の増加が深刻化する事態が進み、量的拡大をめざした生産主義とそれを支えるシステム自体が資源制約や環境破壊などによって持続不可能となってきたのである。

　新たな対応として、2つのパラダイムがせめぎ合う（フード・ウォーズ）状況を彼らは描いている。すなわち、産業化を進めるなかで最新生命科学の手法を駆使して問題解決の道筋を見出していく方向か（ライフサイエンス主義)、産業化へ偏重することなく個々人の健康と環境とのつながりを自覚するライフスタイルを尊重して社会関係や自然調和による自立的な再編方向か（エコロジー主義）、重大な岐路に立つととらえる。2つのパラダイムが対抗しており、人々の心理（精神世界）や市場（マーケット)、消費文化、さらには産業社会の成り立

ち方や国際政治の枠組みまで、世界大で抗争しているとの分析である。これは、主に欧米の動向を土台としている分析だが日本にもほぼあてはまる。大状況を主導する3つのパラダイムの動きについて、その特徴を表Ⅱ−1に示しておく。

　[1]で見たように、生物多様性条約で論点となった遺伝子操作の技術革新は、まさにライフサイエンス主義の延長での動きとしてとらえられる。第Ⅱ部[3][5][6]で詳しくふれる有機農業やアグロエコロジーの展開は、エコロジー主義の展開としてとらえることができる。

　大状況を考察する際に、パラダイムという大きな枠組みでのとらえ方は参考になるが、より細かな動向をとらえる概念としてはレジームという分析視点があることは、すでに紹介した。レジームは、もともと政治形態や制度・体制（規制ルール）を意味する言葉で、政治学では国際レジーム論が議論されてきた。それ以外にもレジーム分析は多様なアプローチがあり、グローバル時代をとらえるフード・レジームが提起されて、食と農をめぐる動向分析が行なわれてきた。

　世界のフードシステムに関して、そのレジームを論じたフリードマンらによれば、第2次大戦前の英国を機軸として農産物貿易が行なわれた体制（第1次レジーム）から、大戦後の米国を機軸とする貿易体制（第2次レジーム）へと移行して、さらに最近の多国籍企業が主導的役割をはたす現在（第3次レジーム進行中）まで、その推移をとらえた。そして、近年の世界大に展開するアグリビジネスによる農産物貿易が、各国の農業生産地域に及ぼす影響などが研究されてきた。こうしたとらえ方が注目される背景には、個別企業や国家を超えたより大きな関係形成や制度枠組みが重要性を増している現実がある。そうした流れは、環境レジームでも論じた流れと共通するものであり、食と農をめぐる新たな枠組みの形成下においても、諸勢力がしのぎを削る状況として進行している。世界秩序の動向において、独特のフード・レジームの下で私たちの生活が大きな影響を受けつつあるのである。

　フード・レジームの現段階において顕著になっているのが、グローバルなアグリビジネス的展開であり、その一方で対抗的動きとしてローカル性や生産者と消費者の緊密で身近な関係を重視した動きが顕在化している。その様子をイメージしやすい言葉で表現すれば、食の「ファストフード」（グローバル）化とそれに対抗する「スローフード」（ローカル）運動という対抗的な動きとして端

的に現われている。これは、冒頭で紹介したフード・ウォーズにおけるパラダイム抗争に相通じる対抗的動きである。

表Ⅱ-1　3つのパラダイムの特徴

| | 生産主義パラダイム | ライフサイエンス・パラダイム | エコロジー・パラダイム |
|---|---|---|---|
| 要因 | 生産の増大、集約的・短期的獲得 | 食料供給の科学的統合、厳しい管理 | 環境・多様性重視：省エネ、省資源、投入リスクの削減 |
| セクター | 商品市場、高投入農業、大市場への大量加工 | ライフサイエンスへの資本集約、フード・チェーンでの小売業の優勢、規模の経済と集約農業依存 | 全体的統合、土地・水・生物多様性の総合的管理と長期的な収量安定・最大化 |
| 産業 | 画一的生産、質より量 | 農業・加工部門のバイオテクノロジー技術の産業化、化学・生物学的利用 | 有機食品への移行、生産規模や質に関する配慮、発酵などバイオ技術の選択利用 |
| 科学 | 化学、薬学 | 遺伝学、生物学、工学、栄養学、実験室から農場・工場まで自然を装いつつ産業重視 | 生物学、生態学、学際分野、化学からアグロエコロジー的手法へ転換 |
| 政策 | 主に農業省、補助金依存 | トップダウン、専門家、産業・政治・市民を商業・財務省が背後で調整 | 省庁の連携、制度の協調と分権化とチームワーク |
| 消費者 | 安さ、外見、画一、女性への便利さ、安全の装い | 機能食品など優良品生産、食品の性格・特徴による多様な選択 | 消費者から市民へ、土地から消費までの連鎖に関心、透明性の重視 |
| 市場 | 国内市場、消費者選択、ブランド化へ | グローバル化、巨大企業、ライフサイエンスが主要ビジネスを主導 | 地場・地域市場、生命地域主義、専門家に依存しない農業、規模は徐々に大きく |
| 環境 | 安い投入・輸送エネルギー、無限の資源、モノカルチャー、ごみや汚染の外部化 | 生物的な投入の集約的利用、環境の健全性と両立しにくい | 有限な資源、モノカルチャーと化石燃料からの脱却、環境・自然保全の産業・社会政策 |
| 政治 | 歴史的に政治依存、衰退傾向、補助金論争に反映 | 急速に展開中、富者と貧者の対立 | 政治支援は弱いが各国に底流、散発的運動の展開 |
| 知識 | 農業経済、エコノミスト | トップダウン、専門家主導、ハイテク・実験室を基盤、新規なものを重視（未確認含） | 物的投入より知識集約的、フード・チェーン全体、知の力重視 |
| 健康 | 関心はわずか、十分な食料供給が重要 | 個人ベースで技術的に健康が実現可能、有用形質作物の追求 | 未確認だが健康的状態を想定、食の多様化の推進 |

注：原著の表1-1～表1-3をまとめて作成した
出所：『フード・ウォーズ』43頁

# 3　フード・ウォーズからフード・ポリティクスへ

　同様の問題意識に立って、とくに消費者が食品産業の強い影響下で健康への脅威におかれる事態（食生活支配の構図）を分析したものに、マリオン・ネスル著『フード・ポリティクス：肥満社会と食品産業』がある。巨大食品ビジネス、政治家、栄養学者が三位一体となって形成する食生活支配の実態が、豊富な資料によって明らかにされている。著者は、ニューヨーク大学栄養食品学科の教授であり、「栄養と健康に関する公衆保険局長官報告書」(1986) の編集にたずさわった過程で、食品業界から圧力をうけた経験をもつ人物である。米国人の10人中6人は標準体重を超過し約3割が肥満に陥っている。食べる量を減らす、とくに動物性脂肪と糖類の削減は、すでに1970年代から警告が発せられてきたのだが、食をめぐる状況は改善どころか悪化してきたのだった。

　その背後には強大な食品産業群をはじめとする業界団体があり、そのマスコミなどメディアへの影響力や政治的圧力が、今日の米国社会の栄養過多（肥満症）を助長してきたと指摘する。とくに問題なのは、生徒たちの健康を犠牲にして学校経営とソフトドリンク会社が癒着し経済的依存関係を深めてきた経緯があったことである。液体キャンディともいわれるソフトドリンクを中毒のごとく毎日がぶ飲みする米国の若者たちの日常的習慣に、事態の深刻さが映し出されている。

　同様の問題をコミカルに映画化した話題作に「スーパーサイズ・ミー」がある。「ビッグマック（ハンバーガー）を朝、昼、晩と1ヵ月間食べ続けたらどうなるか」、監督自らが人体実験を試みたドキュメンタリーとして、その様子が克明に映し出されている。それは典型的な米国人の食生活が凝縮されたものと見ることができる。現在、こうした事態は米国にかぎったことではなく、今や途上国を含めて急速に世界大に広がりつつある。途上国の都市部を中心に近代化の波とともに、食生活の洋風化、とくに米国化が浸透して、深刻な栄養過多と肥満症がまん延している状況がある。すでに米国では1990年代後半、肥満症に対する医療費支出が、全保健医療費支出の12％を占めたと推定されており、この問題は近年急速にグローバル化している。

　消費の末端がグローバルに編成されてきたその構造について、より詳しく見

ていこう。人類の食物連鎖の巨大ピラミッド化とモノカルチャー化は、社会経済システムにおいて展開をとげてきたものである。その食物連鎖の姿を、一般の生物世界の食物連鎖と区別する意味でフードチェーンと以下では表記することにしたい。食料の生産・流通・消費の全体はフードシステムと表記することにする。フードチェーンは急速に成長し発展をとげており、その特徴は、大きく4点ほどあげられる。生産のモノカルチャー化（工業化）、食品の多種多様化、製造・流通・販売の巨大企業化（寡占化）、そしてグローバル化として進行してきたのである。

　20世紀後半以降、農業生産における品種改良・機械化・化学化（農薬・化学肥料依存）は急速に進んだ。食料と食品も加工度を上げて多種多様な商品が産み出され、大量生産・大量輸送技術の進歩と貿易の拡大によるグローバリゼーションが大幅に進展した。それは日常生活を見ればすぐにわかるが、今日、平均的なスーパーマーケットには約2万5,000種類の品物が並び（コンビニでも平均2,500品目）、年間に2万種を超える飲料・食料品の新製品が産み出されている。食卓から原材料までの道のりを考えれば、多くの物資や品物が国外から来るもので成り立っており、今日の私たちのフードシステムのグローバル化の実態を想像することができる。

# 4　フードシステムの社会的編成

　生物世界の食物連鎖は、範囲が生息域に限定して成り立つとともに長期的に共生的な相互依存関係を維持する傾向にある。それに対して、人類のフードチェーンは地域から大きくはみ出して形成されている。このフードチェーンは、「一次生産（農業）→輸送、加工（二次生産、工業）→流通→販売（商業）→消費→廃棄」のプロセスを思い浮かべればわかるように、生産段階から消費段階に至るまで多大な資源、エネルギー、労力が投入され、広域圏にて維持されている。人類のフードシステムを考える際は、その構造的特性を認識するとともに問題点を見ていくことが重要である。

　こうした生産から流通、消費の末端までグローバルに編成されてきたフードチェーンの背景には、近年のアグリビジネス（農業関連産業）の発展動向がある。

　一言でアグリビジネスと言っても多種多彩に展開されており、ここでは主要穀物の国際流通を担って発展した穀物商社を中心に見ていく。かつて1970年代初頭に食糧危機がおきた時に、米国に本拠を置くカーギル社を筆頭に世界の穀物取引が少数の穀物商社によって集中的に支配されて、膨大な利益が蓄積された経緯がある。その後、穀物生産の過剰と価格低下のなかで、流通のみならず生産資材調達・食肉加工・加工食品までいわゆる経営の多角化が進み、川上から川下まで世界の食料システムが少数の巨大アグリビジネスの強い影響下に置かれるようになった。それは先進諸国の私たちの食事内容が加工食品の割合を急増させ、食品への支出が加工品そしてサービス関連に大きくシフトしていることと密接に結びついている。すでに米国社会では、消費者が支払う食費のうち、約半分が外食で占められるようになっている。

　食品業界でも今日、ウォルマートを筆頭に巨大食品小売り業者の上位10社が、世界の食品市場の約4分の1を占め、この上位10社の収益は上位30社の収益の3分の2を占めるに至っている。農業生産を支える種子の販売では、上位10社が世界市場の約半分を占めており、とくに農業関連バイオ技術分野では4分の3、農薬市場では上位10社が84％を占めるに至っている。約20社ほどの企業が世界の農産物取引の大半を支配しており、穀物からコーヒー・紅茶・バナナ、そして鉱物資源に至るまで、その貿易の6割から8割が3から5社ほどの巨大多国籍企業によって取り引きされている。安い食料の大量生産と供給を実現したのは、肥料、農薬、種子、機械の改良、流通・情報網の革新であり、それを推進したのが巨大多国籍アグリビジネスの力であった。今後の発展は、バイオ技術の利用が盛衰を左右することから、化学会社、種子・食品関連産業などによるバイオ企業の買収や提携が盛んに行なわれており、近年は遺伝子特許をめぐる開発競争にしのぎが削られている。

　これまで、WTO（世界貿易機関）やFTA（自由貿易協定）をてこにして、貿易の自由化と市場経済の世界的拡大が進行してきた。日本でも自由化の促進が、経済界を中心に至上命令のごとく叫ばれ、より安い食料を世界各地から入手することが最優先されてきた。この食卓の豊かさ、選択枝の拡大の一方でおこることは、外見上の食卓の多様化とは正反対に世界大で国際分業化、モノカルチャー（単一耕作）、巨大企業による品種・栽培・加工技術から食品の開発・

支配などといった集中化と画一化が進み、深刻な多様性の喪失が世界規模で進行していくと考えられる。世界の食料・農業システムが、いわば安売り競争の下でグローバルにスーパーマーケット化していくような事態、あるいは画一化という意味で、食のマクドナルド化現象がおきていると表現してもよいだろう。

近年の動きは、世界各地域のなかに長年刻み込まれてきた食文化に代表される歴史と文化的な積み重ねが、いとも簡単に放棄されてきたのだった。そこでは、ただ安いという理由から食料を世界中から入手してしまう世界構造へ組み込まれる事態が進行してきたのだった。こうしたグローバルなスーパーマーケット化現象に対して、そのメリットとデメリットについてさまざまな側面から検討すべき時期にさしかかってきているのではないだろうか。それは食品関連産業の未来を、どのように展望するかにもつながる問題である。

# 5　食の未来をどのように形成するか

世界一の長寿を誇れるほどになった日本ではあるが、その内実を見ると10人に1人が糖尿病などというように生活習慣病（メタボリック・シンドローム）は深刻化しており楽観視できる状況ではない。その意味では、望ましい食生活に向けて「食生活指針」が策定され（2000年）、食育基本法の成立（2005年）や「食事バランスガイド」（基本形はコマのイラスト表示）が作成されたことは注目すべき動きではある。しかしながら、米国と同様に、実際の食生活指針内容は、どちらかと言えば個別的な栄養主義に偏しており、食・農・環境をめぐる「フード・ウォーズ」の時代状況をふまえての展望や政策的視点はほとんど考慮されていない。本書で取りあげてきたSDGsの各種目標に関しても、やはり個別的な対応に偏りがちであり、社会をどのように編成し直していくかという視点は明確ではない。その点で、「フード・ウォーズ」という時代状況への光のあて方は、問題状況をクリアに映し出しているのである。

関連する民間での動きを見ると、「スローフード」に象徴される取り組みが、各種業界を巻き込んで次第に大衆的な広がりをみせ始めている。同じく、近年、「ロハス：LOHAS」(Lifestyles Of Health And Sustainability) という概念が日本にも移入されたが、健康で持続可能なライフスタイルをめざす新たな消費者層

が形成され始めていると言われだしている（ロハス自体は商標登録されたので本来の概念は薄れている）。新たな潮流としては、21世紀の新たなビジネス領域として、エコ商品、オーガニックやフェアトレード、エシカルなどが注目を集めるなかで、健康や環境、社会正義、自己実現やサステナブルな暮らしを重視する消費者と市場の形成が進んでいるかにみえる。

　しかし、一方では大手の食品・医療・薬品メーカーは、健康こそが新しい巨大マーケット領域と着目して、消費者を"健康過敏症"へと追い込んでいくかのような動きも生じている。それは、すでに先行する米国における健康サプリメント、栄養補助（機能性）食品の市場の隆盛ぶりにおいて端的に示されている。さらに、近年急速な拡がりをみせているオーガニック市場でも、地域の小規模業者が次々と巨大資本の傘下に入っており、オーガニックの世界でも巨大資本における寡占化が急速に進んでいる（[3]参照）。

　はたして私たちの健康が、巨大ビジネスが創り出す「フードチェーン」に縛り付けられたまま従属的に再編成されてしまうのか（ライフサイエンス・パラダイム）、自己と環境の関わりを根底的にとらえ直して真に主体的に文化形成していく道を歩むのか、大きな岐路に立っていると思われる。すべてをのみ込み膨張を続けるマーケットの変貌ぶりは、政策的な対応を時代遅れにしかねない動きをみせている。しかし、目先の新しさやさまざまな情況への対応の動きも、その根底を掘り下げると、以外に古い伝統的な世界につながっていることが多い。その意味では、「地産地消」や「身土不二」といった言葉の意味を再認識し、市民の側から地に足の着いたスローフードやスローライフの本来的な姿を、ローカルを基礎にしてグローバル世界に提起していく時代に入ってきたという側面もあるかもしれない（[3]参照）。

　フード・レジームや環境レジームの近年の動向を見るかぎり、とくに市民社会側（NPO、NGO、協同組合など）の発言力が次第に台頭しつつあり、個別利害を超えた地球市民的な主体形成とその影響力もまた強まり始めている。その点で、私たちの生活を支える食や農のあり方が、グローバル化する世界において見えにくい諸関係を見定める視点として重要性が増しつつある。フードシステムの諸関係の構成や政治的力を発揮する諸勢力の存在に関して、ローカルからグローバルまでより民主的で開かれた場づくりへの要求は今後、高まってい

くと思われる。それはSDGsのゴール16（制度・平和）、ゴール17（世界連帯・協力）とも深く関連している。具体的な動向に関しては［3］以降にゆずるが、地球市民社会の形成とともに新たな参加と統治のあり方（ガバナンス）への模索が続いていくことは間違いないだろう。

　かつてない豊かさと繁栄を手に入れたグローバル化社会、資源、環境、安全などの根底が揺らぎ出す状況下にあるなかで、私たちはその豊かさの質と成り立ち（編成構造）に関して、未来の世界をどう形づくっていくのか、大きな問いを投げかけられている。その問いにどう答えるのか、近年の世界動向について、生産現場での動きとして有機農業をめぐる動向を次に見ていくことにしよう。

**参考文献**

ジョージ・リッツア『マクドナルド化した社会　果てしなき合理化のゆくえ［21世紀新版］』正岡寛司訳、早稲田大学出版部、2008年

ティム・ラング、マイケル・ヒースマン『フード・ウォーズ：食と健康の危機を乗り越える道』古沢広祐・佐久間智子訳、コモンズ、2009年

ハリエット・フリードマン『フード・レジーム：食料の政治経済学』渡辺雅男・記田路子訳、こぶし書房、2006年

平賀緑・久野秀二「資本主義的食料システムに組み込まれるとき：フードレジーム論から農業・食料の金融化論まで」『国際開発研究』28巻1号、国際開発学会、2019年

マリオン・ネスル『フード・ポリティクス：肥満社会と食品産業』三宅真季子・鈴木眞理子訳、新曜社、2005年

# ［3］

# グローバリゼーションと
# 有機農業の展開
## ——つながり合う欧・米・アジア・日本の歴史的変遷

　有機農業の動向は、時代や地域をこえて実に多彩な展開をみせている。とくに近年は世界経済が一体化しだしたグローバリゼーションの巨大な潮流のなかで、安全・安心、オーガニックブーム、食料安全保障、地球環境問題、農民・消費者運動などと連動しながら興味深い動きをみせている。SDGsの諸目標に対しても、ゴール2（飢餓）、ゴール3（健康・福祉）のみならず、以下に紹介する活動内容を見てのとおり大きな役割をはたすことが期待される。

　第Ⅱ部［3］では、［2］よりも視点をさらに絞り込んで、パラダイム的にはエコロジー主義の潮流である有機農業の動きに焦点をあてていく。その動きにおいても、けっして一枚岩の動きではなく、多様な展開が複合化して諸勢力が拮抗するダイナミズムを内包している。レジームの視点から見ると、フード・レジームの第3期における対抗的な活動展開としてとらえることができる。ここでは理論分析というよりは、具体的な実態に即して考察していく。リアルな実態がわかるように、最初に世界的な有機農業運動の大会の様子を紹介しながら、世界レベルでの諸潮流について簡潔に見ていくことにする。その上で長期的視点から諸潮流を概観することによって、多様な展開の今後について考えていこう。冒頭では、有機農業の全体状況をパノラマ的に実感できる国際会議の様子を紹介しながら、順次全体動向について見ていくことにしたい。

# 1 有機農業世界大会（イタリア・モデナ）の様子から

　国際有機農業運動連盟[1]（IFOAM）の世界大会（総会も同時開催）が、近年は3年ごとに世界各地にて開催されてきた。この二十数年ほぼ参加してきたのだが（部分的参加を含む）、なかでも転機ともいえる様子が色濃く出ていた大会がイタリアのモデナ市（中北部地域）にて開催された第16回大会であった（2008年6月17～24日、写真参照）。この大会では「未来を耕す」がスローガンに掲げられ、世界が直面している諸課題、気候変動（環境）、食料安全保障（食料高騰、小農民・地域の衰退）が大々的に取りあげられた。

　大会には、有機農業関係者（農民団体、認証機関、流通関係）、研究者、行政関係など世界110ヵ国、1,700人の参加者が集い、生産、流通、政策、普及・教育から環境問題、食文化に至るまで、さまざまな内容が分科会やセミナーにて報告された。この有機農業運動団体で特徴的なのは、基本的理念と基準、制度（実行体制）づくりにおいて、毎回の総会（大会）で民主的な議論が重ねられており、修正・変革が積み重ねられている点である。有機農業の基本理念については、長年の議論をもとにして4つの原理（プリンシパル）として、「健康」、「生態」（エコロジー）、「公正」、「配慮」が定められた（2005年）。集約された4つの原理とは次のような意味内容をもつ。「健康」とは、土・植物・動物・人・地球を総体

IFOAM　第16回大会　開会式の会場広場
（イタリア・モデナ市　2008年6月、筆者撮影）

的にとらえたものであり、「生態」とは有機農業の循環の基礎を形成するものであり、「公正」は、相互関係において公平・共有・正義を重視することであり、「配慮」は、現世代とともに将来世代への責任を表わしたものである。

　この大会では、危機的な時代状況のなかで世界が直面する重要課題に関して、有機農業運動の側からオルタナティブ（代替策）を提起する意欲的な問題提起が数多く出された。たとえば気候変動（環境）との関連では、天候に大きく左右される農業こそが最も深刻な影響にさらされている状況が報告され、有機農業としての対応が話し合われた。これまでの近代農業は、機械、農薬・化学肥料（石油起源）を多用することで地球温暖化と資源の枯渇を促進してきた。その問題点を明らかにする一方、有機農業の取り組みは、石油依存から脱却する最善の方法であり（従来の慣行農法より資源投入量が2〜3割減）、さらにモノカルチャー化してきた近代農業の矛盾を克服する変革の代替案（マルチカルチャー）であることが明確に示されたのだった。

　現状の生産主義的な近代農業とその解決策は、遺伝子組み換え技術を筆頭として、地球生態系に深刻な悪影響を引きおこしつつある。とくに生物多様性を大幅に減少（破壊）させてしまう矛盾をはらんでいる状況に対して、伝統的品種や在来農法の復活と生物多様性を活かした有機農法の発展・活用の重要性と優位性が、さまざまなデータとして報告され、提起されたのだった。有機農産物の国際基準では、遺伝子組み換え（GMO）は除外されたことから、オーガニック表示は基本的にGMO排除となる。そのことで、米国での食品表示（GMO非表示）の不備を補ってきたことも注目したい点である。

　さらに、グローバリゼーションの矛盾拡大として世界食料危機が深刻化している状況（前述）が報告されるとともに、途上国の有機農業やフェアトレードを活用した地域振興の可能性（もう一つのグローバリゼーション）などが提起された。注目された全体報告の一つとして、南米ボリビアのモラレス大統領（当時）代理で参加したハビエル産業大臣（当時）が、同国で有機農業を基本とする国造りを行なっていること、行政首都ラパスの低所得者向け食料の大半を小規模有機農業でまかなう計画があることが報告された。ボリビアはキューバと友好関係にあり、キューバ型有機農業の展開が同国で普及している様子がうかがえた。

　また開催地がイタリアということもあって、スローフード運動の影響も色濃く

自然と食の織りなす「美食街道」（パルマ・モデナ・ボローニャ）

反映していた。地域に根づいた食文化の再評価と復興、マーケティングの多様
化と地域振興の可能性などが幅広く議論された。実際、大会中に同時開催され
た見本市では興味深い展示が多数あった。一例に当地域での食文化の多様性を、
わかりやすく図示した地図イラスト（ポスター）が展示されていたので、ここ
に紹介しておこう（写真）。

　とくに興味深い動きとしては、本大会と並行して特別にワイン会議、果樹会議、
繊維・織物会議（ファッションショー含む）が催されていた。多数の分科会の
なかには、有機給食や自然化粧品のセッションもあり、マーケティングの報告
では、有機食品とともに有機のペットフードや自然化粧品の部門が顕著な伸び
を近年みせている様子も紹介されていた。有機農業の世界が、まさしく多様化・
多角化している現状（もう一つのグローバリゼーション、109頁）が実感される
大会であった。

　IFOAMの組織活動を見ると、本部はドイツ（ボン）に位置し、地域組織とし
ては、地中海、アフリカ、中国、EU、フランス、ラテンアメリカ・カリブ、日

本があり、国連のFAO（食糧農業機関）とも連携を深めている。活動分野グループとしては、水産物、コンサルタント、小売、交易があり、委員会としてはマネジメント、基礎基準、認証基準などが設置されている。発足当初は、欧州と北米を活動拠点とする比較的小規模な有機農業を振興する団体であったが、1980年代半ば以降からラテンアメリカやアフリカ地域が加わり1990年代にはアジアを含む世界的組織に発展するとともに、認証機関やビジネス団体が加わり、さらに国連組織（FAO）などとの連携を深める経過をたどってきたのだった。

## 2　有機市場の拡大と環境・安全・社会的公正

　近年、オーガニック食品市場は世界的に急拡大してきた。既存の食品販売・流通が全体的に頭打ち傾向のなかで、有機食品分野については高い成長が続いてきたのである。それを見越して大手資本が参入し、競争が激化してきた側面があり、有機農業もまた商品経済の矛盾の一側面を体現するようになったと見ることができる。

　こうした既存体制の延長線的な方向では、真の問題解決にならないことが、IFOAM（モデナ）大会のさまざまな場面で、とくに途上国のサイドから提起された。すなわち、有機農業モノカルチャーで輸出を優先する経済では、地域の小農民や地域経済にとって従属関係を強いる結果になりがちなことから、フェアトレードや協同組合の形成、消費者との連携・提携など対等な関係形成の重要性がとりわけ指摘されたのだった。また、単なる付加価値商品の有機農業では、世界の食料問題の解決にはつながらないこと、地域の多様性を尊重した伝統的技術と科学的改良を兼ね備えた取り組み（アグロエコロジーの展開、[6]参照）が、化学肥料や農薬依存の近代農業より長期的生産性と安定性において優れている事例が報告された。また、従来の生産第一主義の発想だけでは食料問題は解決できず、消費者のライフスタイルや消費パターンの変革（地産地消や風土にあった食生活）こそが食料安全保障の基礎となる点も、かなりの共通認識になっていた。

　市場のこれまでの順調な拡大傾向に対して、2008年当時の食品価格の高騰や金融危機的事態を受けて有機市場が厳しい局面を迎えた状況や、近年、販売・

流通市場の寡占化が激化し、とりわけ米国市場での大手企業による吸収・合併はすさまじい勢いで進んでいる様子などが同大会では報告された。既存の食品販売・流通における全体的な頭打ち傾向のなかで、有機食品分野の高い成長を見越して大手資本が躍進しだしており、有機農業が商品経済社会の矛盾をそのまま引き継ぐ傾向をみせている側面を垣間見ることができた。

同大会のセッションで、そうした流通・販売に関するさまざまな立場からの指摘や問題提起が多数行なわれていた。とくに注目されたのが、大手多国籍企業のユニリーバの担当者が有機農産品の規模拡大と流通の合理化や企業の社会的責任（CSR）の重要性を強調したのに対し、地域の小規模経営や地域市場の重視（ファーマーズマーケット、直販など）、日本の産消提携運動やCSA（地域支援型農業）などの重要性と可能性が提起されて、平行線的議論が展開されたことであった。まさに、有機農業をめぐり理念やめざすべき課題に関して、また普及と発展の可能性をめぐって、どう展望するかについて依拠する立場の違いを象徴する場面が示されたのだった。

有機農産品の世界市場は年々拡大しており（2006年当時の市場規模は386億ドル、2017年は970億ドルで約2倍半に拡大）、大半が北米市場と欧州市場にて拡大してきた。そのなかで、アジアの新興国とりわけ中国でも市場が拡大してきたのが今日の状況である。

21世紀の新たなビジネス領域として、エコ商品、オーガニックやフェアトレードなどが注目を集めるなかで、健康や環境、社会正義、自己実現やサステナブル（持続可能）な暮らしを重視する消費者と市場の形成（たとえばロハス：LOHASなど）が進んでいるかにみえる。しかし、健康が新しいマーケティング領域と着目され、健康サプリメント、栄養補助（機能性）食品の市場の拡大が進むなかで、オーガニック市場でも、地域の小規模業者が次々と巨大資本の傘下に組み込まれており、巨大資本による寡占化が急速に進んでいる状況がある。そして、最近の米国では有機食品を大々的に流通してきた大手食品スーパー（ホールフーズ）がアマゾンに買収される事態がおきている（2017年）。まさに有機農業運動が掲げてきたオルタナティブ（変革的代替）の中身と今後の展開方向が問われる時代にはいったと言ってよかろう。

そこでの矛盾や課題への対応について、象徴するテーマが「社会的公正」へ

の取り組みであり、有機農業運動において「経済的価値」の実現と「社会的公正」の実現をどう両立させるかが論点となってきた。従来のビジネス的な展開としては、普及と市場の拡大を重要視して、そのための有機農産物の基準と認証制度をグローバルに広げて貿易を促進していく体制づくりがめざされてきたのだった。有機農業運動を世界的にリードしてきたIFOAMでは、有機の基準と認証制度の確立に早くから取り組んできた。20世紀後半からの動きを見ると、IFOAMは1982年に基礎基準を作成しており、その実績はEU（欧州連合）の基準やコーデックス食品規格委員会（FAO・WHOが設置した国際機関）での世界的基準（1999年に有機食品の国際規格が採択）に強い影響力を及ぼしてきた。IFOAMには多数の有機認証団体が参加しており、認証ビジネスとしても大きな広がりをもつようになったのだった。

　しかし有機認証を取得する手続きや実際の作業経費などは、経営規模の小さな生産者にとっては大きな負担となる。そこでビジネス中心に傾斜するのではなく、小農民による地域での直接提携や消費者との密接な関係形成において、参加型認証制度（PGS：Participatory Guarantee Systems）として相互信頼に基づいた協約的な手法の確立をめざす動きが模索されてきた。有機の基準においては、市場化一辺倒の動きに対抗して社会的公正（社会正義）を重視する動きも提起されて、部分的に基準の要素として組み入れられてきた。そのIFOAMでの動向を見てみると、1992年ブラジル総会で「社会的基準」を「基礎基準」に入れることが決定され、1996年デンマーク総会において、「社会的公正」が一章として付け加えられた（ILOの労働基準、福祉、差別禁止、先住民の権利、公正な労働契約などが規定）。その後2002年、「持続可能農業における社会的説明責任プロジェクト」（SASAプロジェクト）が開始され、IFOAM、国際フェアトレード表示機構（FLO）、国際社会的説明責任（SAI）、持続可能農業ネットワーク（SAN）、4団体の協同プロジェクトによって、世界各地で多様な農業生産・流通をカバーする社会的監査のための指針、手法が検討された。監査項目は、ILO条約に基づく週間最大労働時間、団結権、公正な価格、移民労働者の権利、女性差別などが共通の評価項目として提起されてきたのだった。

# 3 有機農業における制度化の動き──欧州と米国の違い

ここ十数年間、IFOAMの大会や関連会合に参加しての印象は、世界の有機農業をめぐる制度化の背景がそれなりに見えてきたことである。レジームの制度形成という視点から見ると、有機農業の展開は興味深い動きを見せてきたのだった。世界的に有機農業運動が隆盛するのは1970年代であるが、IFOAMの当初の活動拠点であったフランスにおいては、国の農業基本法に有機農業が位置づけられて（1980年）、認証システムが構築された（1988年）。さらにEUレベルで有機農業認証基準が統一されてきたのが1990年である。

同じくIFOAMのもう一つの活動拠点であった米国においても、カリフォルニア州がいち早く有機農業生産基準を制定し（1979年）、州レベルでの広がりを受けて連邦政府による有機農業生産法が1990年に成立した。そして世界レベルでの共通オーガニック基準がコーデックス食品規格委員会で決められる（1999年）経緯をたどってきたのだった。

こうした制度化の動きの背景には、IFOAMなどの諸団体の動きがあったわけだが、実際の制度形成に関しては欧州と米国とでは大きな違いがあった。それは一言で表現すれば、国が積極的に関与しリードしていく欧州型に対して、民間中心の米国型ととらえることができる。米国では、主として有機農産物の市場の形成に重点がおかれており、農民・市民の草の根の動きはあるものの政策的な支援としては目立ったものはない。それに対して、欧州では政府による積極的な支援体制（環境農業政策）や数値を挙げて将来目標を提示するといった積極的な取り組みが行なわれてきた。

それは、有機農業の実施面積の差として明確に現われている。EUレベルでは手厚い支援策もあって、農地面積の10%をこえる規模で有機農業が行なわれる国々が出てきているのに対し、米国では1%を占めるにすぎない（日本は0.5%、2017年）。欧州オーガニック・アクションプラン（2008年）によれば、高い目標を定めている国としてオーストリアとスウェーデンがあり、両国は農地の2割に増やす目標を掲げていた。フランスは比較的少なめの目標となっているが、政府系食堂での有機農産物の使用割合を20%にする目標が打ち出されている。また興味深い目標例としては、英国での有機食品の消費拡大が進むなかで英国

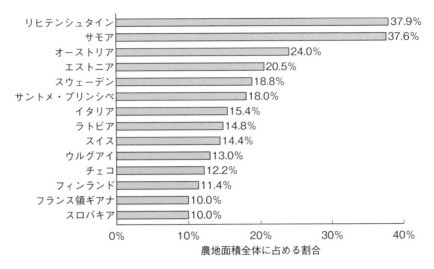

図Ⅱ-2　農地面積の10％をこえて有機農業が行なわれている国　（出所：FiBL survey、2019）

　外からの輸入に依存する状況から、国内産割合の拡大する目標が打ち出されている。その後の展開として、2017年度での展開状況は、図Ⅱ-2のようになっている。

　こうした欧州での政策誘導型の取り組みはさまざまな分野で行なわれており、とくに環境政策では目立っている。たとえば地球温暖化対策の温室効果ガス削減の目標数値の提示などを見ると、国が政策誘導していく積極的関与の様子（欧州型対応）の特徴がうかがえる。多少とも似た動きとしては、アジア地域では最近の韓国の取り組みにおいて政府の積極姿勢をうかがうことができる（後述の社会的企業や協同組合でも同様）。それに対して、日本の動きを見ると、いわば現状維持的な対応しかしてこなかったと言ってよいだろう。欧州や米国と比較して、日本における有機農業やエコロジー的な展開が不十分と言ってしまえばそれまでなのだが、実は潜在的な展開可能性としては豊かな基盤を有している。世界動向の流れにおいて、日本型の展開が見出せるかについては、後半の将来展望においてふれることにしたい。

　あらためてふり返ってみると、有機農業あるいは環境保全型農業のルーツともいうべき原型的なものが、近代農業以前の日本やアジアにおいて見出すこと

ができる。実は、欧米で隆盛している有機農業のルーツをたどると、アジアの伝統的農業や日本の有機農業運動からの影響が少なからずある点に気づかされる。その点を再認識することが重要であり、その延長線上で将来展望を考えていくことが必要である。現象をとらえる視点の座標軸を、時間軸において遠近法的に視野を広げてみることで、見えていなかった局面を浮かび上がらせることができる。

# 4　世界史的展開としての有機農業運動
## ──オーガニック、グリーン・ニューディール

　有機農業の歴史の一端をさかのぼると、たとえば西欧諸国では、有機農業の古典とされるハワードの『農業聖典』(原本は1940年) があり、その分野ではバイブル的書物として広く知られている。ハワード (1879 ～ 1947) はイギリスの農家に育ち、植物病理、微生物学を学んだ後、インドの農産研究所で長年働いた研究者である。インド在住中、農薬や化学肥料を一切使わず立派な農作物を育てている地域での体験から、作物を健康的に育てるためには土壌を健全に保つことが重要であることに気づいたのだった。そして、良質な堆肥づくりのための手法としてインドール式処理法を確立し普及したのである。ハワードの影響の下、英国では土壌協会 (Soil Association) が1946年に設立されて、研究と実践が蓄積されていくのであるが、その活動は広く世界の有機農業の普及に貢献してきた。[2]

　同様の古典の再評価としては、米国の土壌学者F. H. キングが中国、朝鮮、日本の農村と農業を視察して著した書籍に『東アジア四千年の永続農業』(原本は1911年) がある。近代農業が発展し普及し始める時代において、その土壌収奪 (非永続) 的性格に気づいて、アジアの伝統的農業が保持してきた永続可能な特徴 (4千年も耕作を続けている農業) に着目した書籍である。この本の復刻版を戦後米国で出版したのは、米国の有機農業の草分け的普及団体ロディル・プレスであった (1973年)。ロディル・プレスの創設者、J. I. ロディル (1899 ～ 1971) は、ハワードの『農業聖典』の影響を強く受けて米国のペンシルバニア州エマウスにて有機農業を実践し、米国での有機農業運動の創始者と言われ

る人物である。ロディル・プレス（現在はロディル協会）では、日本の自然農法の創始者の福岡正信（1913～2008）の書物『自然農法・わら一本の革命』（1975年）の英訳版（The One-Straw Revolution）も1978年に刊行している。[3]

　こうした歴史的背景が意味することは、有機農業の理念や原型において、かつての日本やアジア地域で培われてきた資源循環や生命循環的な思想や農法に対する再評価があるということである。さらに付け加えれば、近代化のなかで生じた負の側面である公害、環境破壊問題への解決や、利益優先の経済を克服しようとするエコロジー運動の隆盛とも呼応したものであった。同様の動きに、エコロジー思想に貢献した英国の経済学者、E. F. シューマッハがいる。彼は仏教思想を経済学に適用したエコロジー思想書として『スモール イズ ビューティフル』を著し、欧米のエコロジー運動の思想的潮流に大きく貢献したのだった。

　有機農業運動の流通面の展開においても、興味深い東西のダイナミックな相補的関係が展開している。日本では、公害問題が激化した時代に日本有機農業研究会が1971年に設立され、生産者と消費者の信頼関係に基づく「提携」や産直運動（産消提携）が広がった。当時のベストセラーに有機農業運動の全国展開を紹介した有吉佐和子著『複合汚染』（新潮文庫、1979年）がある。提携という市場経済の矛盾を克服しようとする運動は、その理念と実践が欧米でも紹介され普及したのであった。とくに「提携」は、従来の市場流通の諸問題を克服する取り組みとして注目されて「TEIKEI」という言葉がそのまま使われた経緯がある。その理念は、欧米において普及をみたCSA（Community Supported Agriculture、地域支援型農業）運動のなかに継承されており、詳細は省くが興味深い展開をみせている。このような活動のルーツをふり返るならば、戦前戦後の日本で発展した生活協同組合運動での共同購入・班活動が思いおこされる。戦前に活躍したキリスト教社会活動家で思想家の賀川豊彦（1888～1960）は、米国との交流において両国での生協運動の発展に貢献している。

　近年の有機農業の展開においては、新たな市場流通の形成という側面とともに、より広義のエコロジカルな社会関係形成ないし協同的社会事業形成という意味合いが含み込まれている。西欧的な契約社会では、市場関係の制度形成として基準、認証の整備・普及が基本的な展開となりがちだが、それにとどまらない非市場的ないし協同的関係形成という側面では、日本の経験や活動展開を

あらためて見直すことが重要だと思われる。この点についてはより詳細に検討する必要があるのだが、ここでは指摘するだけにとどめたい。信頼関係や協同関係に内在する負の側面や問題点を考慮しつつ、さまざまな流通形態や適正規模の市場形成などの活動が世界的に模索されている。この点については、通常の認証制度に対抗した動きの参加型認証制度（PGS）の動きなどもその一環としてとらえられる。IFOAMの4原則をふまえたエコロジカルな社会をめざす理念展開においては、一方では認証制度の普及がはかられる半面で、市場や商品関係に従属しないオルタナティブも模索されているのである。

　時代は大きな転換期を迎えている。従来型グローバリゼーションの破綻が、金融危機そして世界的経済危機として私たちの前に立ち現われた。大量生産・大量消費、市場万能、無限成長・生産主義の根底が崩れだした危機的状況は、新たな時代と社会形成に向かう好機であるかもしれない。さまざまな産業転換のシナリオが議論されたが、中途でとどまっている。おそらくその具体的展開として、農業分野が先頭を切るべき位置にあり、下からの社会変革の具体的な舞台になる可能性を秘めていると思われる。農業とその関連産業が、グリーン・ニューディールの根幹を担う、そして有機農業の展開こそが、生産形態のみならず流通・消費を含む新しいライフスタイルやパラダイムを展望するための先駆的形態を体現しているのではなかろうか。近年の欧米や世界での展開をふまえつつ、より長期的な視点から将来を見据えた展望について、さらに考察していくことにしたい。[4]

## 注

1) IFOAM（アイフォーム）：国際有機農業運動連盟（International Federation of Organic Agriculture Movements、略称は Organics International）1972年設立、127ヵ国の約750団体が加盟（2019年）http://www.ifoam.org/
2) 土壌協会（Soil Association）：https://soilassociation.org/
3) ロディル協会（Rodale Institute）：https://rodaleinstitute.org/
4) 第Ⅱ部 [3] は、以下の論考をもとに大幅修正してまとめている。
　古沢広祐「グローバリゼーション下の有機農業の展望——多様な展開を理解するための座標軸」『農業と経済』（臨時増刊号）昭和堂、2009年4月

**参考文献**

アルバート・ハワード『農業聖典』保田茂監訳、コモンズ、2003年。原書：An Agricultural
　　Testament, 1940年初版

F. H. キング『東アジア四千年の永続農業（上・下）』杉本俊朗訳、農文協、2009年。 原書：
　　Farmers of Forty Centuries：Parmanent Agriculture in China, Korea and Japan、
　　1911年初版

波夛野豪・唐崎卓也編著『分かち合う農業CSA 日欧米の取り組みから』創森社、2019
　　年

福岡正信『自然農法 わら一本の革命』春秋社、新版2004年 （初版1975年）

古沢広祐「日本の有機農業運動」、玉野井芳郎・坂本慶一・中村尚司編『いのちと "農"
　　の論理』学陽書房、1984年

# ［4］

# 世界の縮図・日本から世界を展望する
## ──食生活・農業の変遷から見る「グローカル」ビジョン

## 1 時代変遷のダイナミズム

　あらためて日本社会の近年の歩みを世界史的視野から考えてみると、西欧社会が数世紀かけて成し遂げた近代化の歩みを短期間に走りぬけてきた存在だったことがわかる。明治以降150年ほどの歩みにおける曲折があり、戦後でも半世紀たらずで成し遂げた急速な経済発展の明暗がある。輝かしい繁栄の光の側面に対して、その影の側面では、戦時下の原爆の悲劇や焦土と化した市街地、数々の深刻な公害被害と自然破壊、そして最近のフクシマ原発事故といったように近現代世界の矛盾を深く抱え込んできた存在であった。鮮烈な光と深い闇を内包して時代を疾走してきた日本、それは現代世界の「縮図」として、まさに社会的な実験場（パノラマ）として観ることができる。

　そして近年、2008年前後をピークに人口減少局面を迎えて世界最速の超高齢社会に突入しつつある日本。最近の状況としては、バブル経済を経験後に1990年代からの長期間にわたる経済の低迷期を迎えている。その経済状況は、2008年からの世界金融危機を契機に欧米社会が陥っている停滞局面をまさに先取りしていたかのようである。

　他方、「ミナマタ」など公害先進国の名前を世界にとどろかせた一方で、公害防止や省エネ技術の発展があり、気候変動条約における「京都議定書」（1997年）や、生物多様性条約における「名古屋議定書」「愛知目標」（2010年）というよう

な地球環境問題への対応など、日本は環境面での国際貢献の動きを見せてきた。こうした光と影を内在させた日本社会の動向を、第Ⅱ部［4］では食・農・環境の問題に焦点をあてて世界史的な動向をふまえ論じることにしたい。

　食と農は、人間と社会の根幹を支える生存のための土台を形成してきた。それは、世界中を巻き込む近年のグローバリゼーションの影響下で大なり小なり変質を迫られている。ローカル性に深く根づいていた日本の食と農もまた、グローバリゼーションの影響下で大きく変容しながらも独自の歩みとげてきたのだった。食の洋風化が急速に進んできたなかで、たとえば近年になり「和食」が見直されてユネスコ無形文化遺産に登録されるに至っている（2013年）。また、有機農業運動における産消（生産者・消費者）提携運動がCSA（地域支援型農業）運動として世界のなかで注目される動きもおきている。

　以下では、食と農をめぐる「グローカル」なダイナミズムについて、日本の動向を世界的な視野から見ていくことにしよう。戦後の食生活の変貌ぶりをふり返りながら、得たものと失ったもの、繁栄の裏側での矛盾の深化とそれに対する克服の動き（有機農業運動など）について、そのダイナミックな展開を追っていく。

## 2　戦後に見る食生活の変遷

　日本の歴史のなかで今日ほど食生活を急速に変化させている時代はなかった。簡単に、戦後の食生活の変化をたどってみよう（表Ⅱ－2）。戦後まもなく、1950年頃までは深刻な食糧難、食糧不足の時代であった。当時、徐々に食糧統制も解かれて、不足する食糧をまかなうために、大々的な食糧の増産が叫ばれた。また米国からも食料援助という形で小麦が大量に輸入され、パンと脱脂粉乳による学校給食が開始されたのであった。幼少期のパン食の導入はその後の若者たちの食の嗜好に大きな影響を与えていくことになる（ここでは、穀物などを食糧、一般の食品を食料として使い分けている）。

　当時の食生活は米食が中心で、味噌、醤油など大豆加工品と煮物・漬物など伝統野菜、そして魚介類などの副食により構成されていた。嗜好品も、日本酒、緑茶、和菓子といったように、いわゆる伝統的なものであった。1960年代に入り、

表Ⅱ−2　戦後における食・農・社会の推移　　　　　（筆者作成）

〈1945年〜〉
　（食料増産・栄養改善、学校給食の導入・普及）
〈1960年代〉
　（高度経済成長の時代、インスタント食品の登場）
　・農産物の自由化（1960）
　・農業基本法（1961）
　・所得倍増計画（1961）
　・全国総合開発計画（1962）
　・東京オリンピック、新幹線開通（1964）
〈1970年代以降〉
　（レトルト・冷凍食品の普及、食品添加物・公害問題の深刻化）
　・ケンタッキーフライドチキン開店（1970）
　・マクドナルド開店（1971）
　・国民栄養調査に肥満度調査が入る（1971）
　・グレープフルーツ他20品目自由化（1971）
〈1980年代以降、2000年代〉
　（「日本型食生活」、本物・健康・グルメ・ファッション化・高級化）
　・経済のグローバル化・WTO体制へ（1995）
　・食料・農業・農村基本法（1999）
　・食育基本法（2005）
　・有機農業推進法（2006）
　・和食のユネスコ無形文化遺産登録（2013）
　　（スローフード運動、食と農の見直しの時代）

経済発展のなかで食生活が大きく様変わりし始める。その背景として、ひとつには原料の生産ないし供給面での変化があった。1960年代から貿易の自由化が積極的に推し進められたことで、食品製造原料の供給元が海外に移り、本格的な自由化とともに食品産業の近代化と発展の時代を迎える。

　経済成長により生活が安定するにしたがって、食生活もまた近代化＝西欧化の兆しをみせていく。この時期の一つの大きな特徴としては、手間をはぶき、より簡便性の強い調理食品の普及がある。インスタント食品、レトルト食品（完全調理済食品）や冷凍食品が、業務用、家庭用として急速に普及し始める。即席めんが普及し、その後より簡便性を強めたスナックめんが「カップヌードル」

として登場し、1971年から販売が開始されて急速な普及をみせていった。こうした日本での展開は、その後アジアや世界各地にグローバルな展開へとつながっていく。日本国内での即席めんの消費が年間50億食規模で推移した一方で、世界規模では2012年に年間1,000億食を突破して大きな拡大をみせていった。2018年の推定では、1,036.2億食となっている（世界ラーメン協会）。

　食の変化は、簡便化に並行してレジャー化、ファッション化現象を呈し始める。それは1970年代から1980年代にかけて、外食産業の急成長へとつながっていった。食のレジャー化、ファッション化の進展のなかでグルメブームがおき、経済発展プロセスの成熟化とともに手づくり・本物が見直され、健康食品や自然食品などが脚光を浴びるようになる。そうした動きは農の分野にも反映し、東京の中央卸売市場などでも「無農薬」「有機栽培」と表示されたものの取引が定着していき、表示制度の改定が行なわれていく（2000年有機JAS規格の制定）。食と農をめぐる全体状況は、工業化と画一化が一方で大々的に進展するなかで、他方では自然・本物志向という二極分解現象をおこし始めたと見ることができる。すでにパラダイムやレジーム展開で見てきたように、矛盾する流れのなかで、いわゆる「食」と「農」の問い直しの時代が始まったと言ってもよいだろう。

　食の変化は生活形態の変化と深く結びついて進行した。生活や労働形態は、1960年頃を境にして、勤労者いわゆるサラリーマンの存在が大きく台頭し、家族経営的な中小企業や農業そして商工業（職人を含む）などに従事する人々の比率を上回った。都市人口が急速に膨張し、市民層そして中間層として消費を主体とする消費者という生活様式が定着したのである。この過程で、いわゆる団地やニュータウンなど新住民層が広範に形成されていった。巨大に膨れ上がった大都市圏へ食料を安定して供給する国内の体制づくりとして、中央卸売市場と流通の再編成、そして生産体制に大きな変革がもたらされた。

# 3　農業の工業化と有機農業の登場

　こうした大量生産・大量流通体制へ向けて農業を再編していく過程で作成されたのが農業基本法（1961年）であった。当時の農業基本法は、農業と他産業の生産性の格差、農業従事者と他産業従事者の所得の格差という「二つの格差」

の是正を目標に掲げ、農業の生産性向上と経営の合理化がめざされた。そのため従来、お百姓さんと呼ばれたような自給を主眼において多品目をつくるのではない専門経営、すなわち単品に特化して生産性の向上をはかる主産地形成、選択的拡大が農業政策の柱にかかげられた。

いわゆる野菜団地や畜産団地が形成され、モノカルチャー化（単一栽培）が進んだ。そうした合理化において力を発揮したのが化学肥料と農薬であり、機械化であった。主産地形成、選択的拡大が進み、化学肥料・農薬への依存、機械化、専作・モノカルチャー化、中央卸売市場の整備と全国ネットワークの形成などが一連の動きとしておきたのである。それは「農業の工業化・脱自然化」へ向かう動きという側面をもっていた。しかしながら、生産と流通の合理化の陰で深刻な問題も生じてきた。それは大地とのつながりを失った都市の肥大化が農業生産を歪めていく動きとしてとらえることができる。あたかも工業生産品のように定められたときに、一定量を同質に供給する「定時・定量・定質」が農業生産現場に要求されたのである。そうした要求を制度的に支援するために指定産地制度もつくられた。

本来、気象や土壌といった自然条件や作物自身の特性などによって均一化しにくい農業生産に無理な要求を強いた結果、病虫害が生じたり連作障害が起きるなど生産の不安定化を招き、それを克服するため農薬や化学肥料に過度に依存せざるをえない悪循環的な事態が各地で恒常化していった。それは結局、消費者の日常の食生活においても安全性への不安を生んだのだった。大規模生産とともに遠距離・長時間流通が広がっていくが、それに耐えられるように、合成保存料、品質改良材、着色剤などの食品添加物が大々的に使用されたのも1960〜1970年代の頃であった。当時いわゆる食品公害問題が深刻化したのである。従来、パンや豆腐などの生産は限定された狭い地域で小規模に行なわれていたが、こうした添加物の利用で大規模工場による全国流通が可能となり、食品産業の寡占化が一気に進んだ。また農産物でも鮮度を良く見せるために薬剤処理した化粧をしたような野菜が店頭に並んだ。農薬の生産量の増大、食品添加物の種類の増大は、生産と流通の合理化にともなって脱自然化していく姿を一面で映しだしている。それはまた、農業や自然とのコミュニケーションを断ち切られた消費者が、自らその矛盾を被っていく姿としても見ることができる。

　21世紀に入った今日、自然食・健康食ブームや本物・手づくり・こだわり志向の高まりを受けて、自然食品店のみならずスーパーなどの大規模量販店などでも有機農産物や安全を志向した食品が幅広く扱われるようになってきた。高付加価値の差別化商品として「安全」が売り物になったのである。かつての生産主義的な農業基本法（1961）は、1999年に食料・農業・農村基本法に改訂された。そして2006年には有機農業促進法が制定され、環境や生態系の保全、安全性を重視する方向へと政策転換が進んでいく。しかし、生産部門と消費部門の乖離に関しては根深い矛盾が内在していた。消費者の需要や経済効率を優先することで、作物の多様な品種や地域性が失われたり、地力維持のための輪作体系が消滅し、昔から行なわれてきた間作・混作などの栽培方法が姿を消していった経緯があった。農業近代化と合理化が進むなかで土壌の疲弊と連作障害が続発し、農薬の多投を生んできたわけだが、その背景には、生産現場や自然との関わりから切断された見た目だけを重視する消費者の存在が深く関わってきた点を見過ごすことはできない。

# 4　産消提携、有機農業・エコロジー運動

　もともと近代農法（無機農業）へのアンチテーゼ（反対）として現われた有機農業は、近代批判、伝統重視（農本主義）、エコロジー運動的な要素を合わせもっていた。今日、日・米・欧などの先進国では、有機農産物は安全性やおいしさといった一種のブランド商品的な色彩を強く帯び、有機農業も付加価値を付ける農業としてのイメージが強くなっている。だが、途上国では農薬被害の回避、外国資本（技術・資材）への依存からの脱却、農民の主権と地域自立の回復、伝統文化の見直しなど、社会・文化運動的な要素をもって展開してきた。

　狭い意味では、農薬や化学肥料を使わず、主に堆肥（有機肥料）などで栽培するのが有機農業であり、その生産物が有機農産物である。しかし、そもそも有機農業運動は、工業製品化や見栄えと規格化された既存の市場流通へのアンチテーゼとして、生産者と消費者が直接手を結び合う産消提携運動として展開した。食べ物の安全性にとどまらない農家の生産状況、農薬被害や環境問題、自然の恵みや生態系の大切さ、農家の苦労、反自然化してきた都市生活（消費者）

のライフスタイルの見直しなどが、社会運動的な色彩を強くもって展開したのだった。

　1960年代の公害問題の激化とともに、食品公害問題や消費者運動が高揚したが、1970年代に入ると、食品の安全を求める動きは直接に生産者と結びつく有機農業運動を発展させた。見栄えばかりが優先される中央卸売市場システムとは別に、農家と消費者が直接つながり合う有機農業運動が各地に芽吹き、既存の市場流通の矛盾を克服する共同購入ないし提携・産直を全国的に広げていった。その動きは、地域的な消費者ボランティアによるものから、専従体制をもつ団体、大小さまざまな生協・農協組織にまで拡大していった。

　こうした共同購入型の運動の広がりのなかで重要視されたのが、日本有機農業研究会の提携10原則や生協活動にて集約された産直活動の三原則（産地・生産者が明らかなこと、栽培仕様が明らかなこと、生産者との交流があること）であった。単なる安全性だけでなく、相互の信頼関係と交流によって、生産者と消費者は人間的付き合いを基礎にした信頼関係を築き、既存の市場流通とは別の有機農産物の安定した適正な価格の実現がめざされた。この関係の下で、農家は農薬・化学肥料に依存しない自然や地力を活かした自給・自立度の高い有畜複合経営を実現し、消費者は季節や畑の様子に合わせた風土に根づいた食生活を取り戻す実践が取り組まれたのであった。

# 5　価値観の転換と有機農業の世界観

　こうした関係のなかでは、有機農産物の値段は一般の市場価格よりは少し高めに設定されており、お金持ちの運動だとの批判もあった。それは単品の価格だけを個別に比較しての評価なのだが、実際には提携関係（持続的・長期契約）においてはトータルに見ると決して費用的に大きな負担になるわけではない。実際には一般流通に乗らないような間引き菜をはじめ大小さまざまな規格外のもの、畑でできたものすべてが供給されており、生産者と消費者の双方でメリットが享受される仕組みを内包しているのである。実際に廃棄を少なくし産品を大切に料理する仕組み（生産物の有効利用）ができることで、大きな節約効果（外部経済）を生んでいる点が注目される。単品の値段ではなく、トータ

ルで無駄なく利用できるだけ、結果的には支払う費用としては高くならないのである。季節はずれのものやスーパーなどであまり買い物しなくなったり、それまではメニューを決めて買い物をして調理していたものが、季節に供給される産物を中心にした料理メニューになることで余計な買い物をせずに、生活費が総体として安くなるといったような興味深い調査結果が見出されたのであった。

　当時、大学院生時代に京都を拠点とした「使い捨て時代を考える会」に所属して事務局のお手伝いをしていた関係で、会員の方々とのお付き合いのなかでそうした実態を把握できたのだった。有機農業とは、化学資材（農薬、化学肥料）を使わずに有機質資材に置きかえる農業にとどまらない、より広義の意味をもっている。人間が自然の一員であり物質循環の輪の一角を占めていること、それは食べ物、農業を通して直接的に自覚できるのであり、有機農業とは自然と生命の循環を取り戻す循環型農業という側面をもっている。また次世代を担う子供たちの生命・自然教育の場としても有機農業は意義深い内容を秘めていたのである。

　広義の有機農業の展開とは、単に農薬・化学肥料に頼らない農業といった狭い消極的な意味にとどまるものではない。近代的生産力の特徴である、単一的な価値（金額計算）の極大化を求めて分断してきた諸関係を見直し、内にも外にも豊かな関係を再構築すること、総体的・全体的に多面的な効用（多様な価値）を生み出す共生・共創的な展開としてとらえることが重要なのである。「食と農」の関係性の再構築とは、脱自然化しつつある私たちが自然との結びつき（循環）や生産者との関わりを取り戻すための契機を秘めているのである。

　しかしながら現状の食と農の展開は二極化の動きをみせている。脱自然化していく方向と、有機農業運動に象徴される自然への回帰に向かう動きである。現実の流れはさらなる脱自然化へ向かう動きの方がより強力に推進されようとしているかに見える。すなわち、食と農の国際化・自由貿易・工業化の流れにのみ込まれるなかで、日本の小規模な零細農業は存亡の危機にある。世界規模で進んでいる厳しい現実（競争的再編）の矛盾構造について、あらためて世界各地の状況をふまえて考えていかねばならない時を迎えている。

# 6 「グローカル」な時代、二極化する世界のこれから

　大きな2つの時代的な潮流、この二極化していく動きは、私たちの社会の底流に脈打ち続けている。一方では、さらなる脱自然化、農業の工業化に向かう動きが進行しており、季節に反した農作物の氾濫、ファストフードの隆盛、植物工場、バイオ野菜、遺伝子組み換え食品、さらにバイオテクノロジーによる技術革新が次々と押し進められている。他方では、自然・環境との調和を取り戻そうとする動きが広がり、本物・手づくり・自然食、有機農業、そして地産地消（地場生産・地場消費）やスローフード運動などが広がり、都市と農村の交流や都会から農村移住する動きも生じている。

　この矛盾する二極化の動きは、社会・経済体制としてみた場合、農産物の自由化・グローバリゼーションの時代のなかで、世界規模でも展開している。国際分業と大競争が、地域性と自然の循環を切断して大地との離反を促進していくのに対し、地球環境問題の深刻化をくい止めるエコロジー運動の展開、地域コミュニティ・地域循環（調和）型社会の重視の動きが一方で顕在化しているのである。グローバル化への対抗力としてのローカル性の見直し、こうしたグローバル化とローカル化の対立において出現する世界は、相克のみならず相互作用のなかで相互革新を誘発させる側面もあることに注目したい。ローカル性の中身が洗練され質的向上がもたらされるのである。それは、和食の見直しや昨今の海外から日本への観光客の増加現象において、洗練されたローカル性を誘発していく可能性を期待させる。過疎化に揺れる地域のなかに隠れている独自性を見出そうとする地元学の取り組み、郷土食や伝統芸能の復活、B級ご当地グルメやゆるキャラブームなどの動きも注目される動きである。そうした対抗的な力のダイナミズムが、「グローカル」時代の幕開けを象徴しているのかもしれない。

　しかしながら、単純にグローバルとローカルが共存共栄する展望を描けるかといえば、話はそれほど楽観視できない現実がある。それはグローバル化の暴力性に対するローカル化の側からの対抗力をどう考えるかであり、さらに言えば失いかけているローカル性に内在する価値への再認識があってこそ本当の「グローカル」性が発揮されるからである。つまりローカルの価値の再構築に向けた世界観について、以下では、その点をより深く掘り下げていくことにしよう。[1]

**注**

1)　第Ⅱ部 [4] は、以下の論考をもとに大幅修正してまとめている。
　　古沢広祐「食・農・環境から日本と世界を展望する──日本経済と食生活・農業の変遷からみる『グ・ローカル』ビジョン──」会誌　ACADEMIA No. 152（一社）全国日本学士会、2015年7月

**参考文献**

祖田修編著『大地と人間──食・農・環境の未来』放送大学教育振興会、1998年
祖田修・八木宏典編著『人間と自然──食・農・環境の展望』放送大学教育振興会、2003年
古沢広祐「有機農業運動における新しい消費者運動の展開」日本生活学会編『生活学第七冊』ドメス出版、1982年
古沢広祐『共生社会の論理　いのちと暮らしの社会経済学』学陽書房、1988年
桝潟俊子『有機農業運動と〈提携〉のネットワーク』新曜社、2008年

# ［5］

# 食文化と農の尊厳性
—— 「グローカル」 な安全保障と地域の自立性

## 1　食・農・環境が問う人間のあり方

　食べ物、そして農業とは、私たち人間にとってどんな意味をもつのだろうか。すぐに思い浮かぶ答えは、食べ物とは生きる糧（かて）、血となり肉となる源であり、そして農業は、その食べ物を自然の力を借りてつくり出す太古の昔から行なってきた営みということである。一昔前、日常生活の四季折々にふれて、さまざまな行事が折り込まれ、そこでは種々の食べ物が重要な役割をはたしてきた。それは今日でも、年越しそばを食べたり、正月のお餅、端午の節句の粽（ちまき）や柏餅、お盆には先祖の霊におそなえものをしたり、中秋の名月の月見団子など、なじみ深い風習として多少とも引き継がれている。かつての農山村では、山の神を送り、田の神を迎える儀式が各地で行なわれていた。そこでは、御神酒を大地に捧げ食を共にしながら天地自然の恵みを祈る、人為と自然の協奏曲のような風景がくり広げられていたのであった。

　昔を思いおこすと、おそなえもの：供物（くもつ）といった風習にみられるような食べ物を神聖なものとして扱う行為が日常的に行なわれていたのである。つまり食べ物とは、人の世界と神の世界を結びつける神聖な意味がこめられたものだった。お祭りなどの行事においては、神様に食べ物を捧げる神饌（しんせん）は中心的な位置を占めていた。かつては随所でみられた田の神、山の神の信仰、それは農業という営みに結びついたものであり、人々の生活意識（精神性や宗教的な意味合い）と色濃く結びついていた。それらを古くさい迷信の世界だと考える方が多いかも知れない。しかしその根底には、食べ物や農業を

通して人間は深く自然の力を実感し、自然と共感し合い、交流し合う豊かな感性を育む世界があったのである。

　毎年くり返されてきた農山漁村に住む人々の四季折々の営み、自然との協奏曲とでも言うべきこうした姿を実感してきた世代はすでに消え去りつつあるのかもしれない。だが、人々と自然を包み込んできた風土は、今なお私たちの感性の奥底に引き継がれているのではなかろうか。土地土地で、気候風土が変われば、その様相は多少とも異なった姿を現わすが、基本的な営みは地域をこえて共通している。ここに人間と自然の緊密な関わりの原点、とりわけ「食と農」から「自然と人間」の関わりがパノラマの如く示される人間存在の原型を垣間見ることができるのではないか。

　今日、あふれかえるほどのモノの豊かさを享受できる時代を迎えた。ありとあらゆる食べ物を世界中から入手し、飽食のかぎりをつくせる状況のなかで、私たちはかえってモノや食べ物を粗末に扱うようになっている。食べ物や農業の世界のもつ奥深い意味を感じとる感性をにぶらせてしまい、十分に認識する力を失いかけているように思えてならない。私はかねてから、人間にとっての食と農をについて、大地（自然）と人間を結ぶ「へその緒」にたとえてきた。つまり、母親の体内に宿る胎児が「へその緒」を通じて命のかてを手に入れている姿を連想するからだ。地球と人間が、食と農という行為（回路）を通してつながっているのであり、人類がその命のかてを大地（自然）からくみ取る行為、それが農業であり食生活なのである。

　農業を、ただ単に栄養素のかたまりとして食べ物を製造する工場といったイメージでとらえるのは、いかにも貧弱な発想である。同じく、食べ物を味覚や栄養素だけで見てしまうのも、大地と私たちをつなぐ豊かな世界を切り捨ててしまうせまい認識である。農と食をめぐる世界は、大地と自然が織りなす生命の多様でダイナミックな働きを体現するものであり、奥深い世界を底に秘めた営みである。しかしながら、人類の発展を近代化のプロセスとして経済発展の姿としてとらえた場合、農業は遅れた産業、もしくは衰退し縮小していく産業としてイメージされる場合が多い。すなわち、第1次産業から第2次産業へ、そして第3次産業へとシフトしていく産業の発展パターンが近代化のプロセスだと思われているからだ（図Ⅰ－13　産業構造・社会経済の推移、57頁）。イメー

ジ的に言うならば、大地からの離脱、泥臭い世界との決別の道を歩んできたと言ってもいいかもしれない。しかしその結果、私たちは大切なもの（自然との豊かな交流の世界）を失い、公害や環境問題などにみられるような自然からのしっぺ返しを受け始めているのではなかろうか。

　私たちの生命の根幹である食と農の世界がどう変化し、どんな問題を抱えているのか、今後どういう世界を構築していくべきなのかについて、あらためて考え直すべき時を迎えている。私たちが、この21世紀に調和のとれた「自然（大地）と人間」の関係を再びつくり出せるかどうか、その可能性を食・農・環境を通して考えていく。

# 2　食文化の豊かさと全体性の喪失

　食（行動）とは、人間のみならず広く生物という存在様式における普遍的な営みである。そのなかで、人間は生物としての存在であるとともに独自の文化的な存在であることから、食文化という独特の世界を形成している。食文化に関しては膨大な研究と蓄積があり、多数の学問分野との関わりをもつ。食料生産・流通・消費・食物摂取とそれに関する観念や価値観など、食に関わる文化的側面は実に奥深い学問領域と関わっている。世界には、多種多様な食文化と食生活の形態があり、豚をタブーとするイスラム文化圏や牛を神聖視するヒンズー文化圏などに見るように、宗教や民族や国民のアイデンティティの拠り所として食文化は重要な働きをはたしてきた。身近なところでは、郷土への愛着を含めて自分自身の出自を確認し、集団的な帰属意識を形成し、社会としてのまとまりを産み出す源の一つともなってきた。社会と文化は、食と切っても切り離せない関係を培ってきたのである。

　食を取り巻く世界は複雑多岐にわたり、社会的・文化的な多様性に満ちあふれている。実際、日本各地には、加工・調理、料理法、保存法、配膳の仕方や食べる作法、四季折々や冠婚葬祭に供される食事（日常的な「ケ」の食事に対する「ハレ」の食事）、家々や集落そして地方地方に伝えられ育まれてきた食文化が存続してきた。私たちが食べる行為としての日本の食文化は、歴史と風土のなかで育まれてきたものであると同時に、昨今のグローバリゼーションの

波を受けながら急速に変遷をとげてきた。それは変化し、変遷しつつも、広く世界の食文化のなかでは東アジア圏の食文化としての特徴をそなえてきた。すなわち、米を主食とし、魚・大豆を主要蛋白源にして、発酵調味料を多用する。乳の利用はほとんどなく、蒸すという技法をもち、箸と椀で食事をするなどの特徴を有している。しかし、近年の食生活の激変ぶりはすさまじく、私たちのアイデンティティの喪失や人間存在としての根源を揺がすような事態を生じさせているかにみえる。その点では人間存在の視点から食の文化的側面にあらためて光をあてる意味が、ことのほか大きくなってきているのである。

　グローバル時代を迎えた現在、私たち人類は資源や環境の限界を意識せざるをえない時代に突入した。人類の食料の生産・流通・消費の全体の姿をフードシステムと表現すると、その特徴は大きく4点にまとめられる。すなわち、生産のモノカルチャー化（工業化）、食品の外見的な多様化、製造・流通・販売の巨大企業化（寡占化）、そしてグローバル化が進行しているのである。この一世紀あまりの間に、農業生産における品種改良・機械化・化学化（農薬・化学肥料依存）は急速に進み、食料と食品も加工度を上げて多様な商品が産み出され、大量生産・大量輸送技術の進歩と貿易の拡大によってグローバリゼーションが大幅に進展したのだった。

　今日の日本でも、WTO（世界貿易機関）やFTA（自由貿易協定）、最近はTPP（環太平洋経済連携協定）などを梃子に、貿易の自由化と市場経済の世界的拡大が推進されている。より安い食料を世界各地から入手する自由化の促進が、豊かさへの道しるべであるかのような言われ方をするが、そこには矛盾が内在している点に注意する必要がある。食卓は外見上では豊かになった反面、集中化、均一化が驚くべきスピードで進んでいる。およそ60ほどの大企業が世界の食品加工の約7割を、20ほどの企業が世界の農産物取引の大半を占めるに至り、穀物からコーヒー・紅茶・バナナ、そして鉱物資源まで、その貿易の過半が数社ほどの巨大多国籍企業によって取り引きされる事態になっているのである（図Ⅱ-3）。

　食卓の豊かさ、選択肢の拡大の一方でおきていることは、外見上の食卓の多様化とは正反対に世界大で国際分業化が進み、画一的なモノカルチャー（単一耕作）と、巨大なグローバル企業（資本）による品種と栽培管理、加工技術と

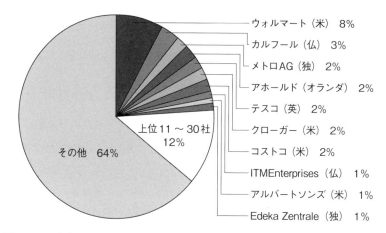

図Ⅱ-3　巨大食品小売業10社が世界市場の4分の1を支配
（出所：古沢広祐ほか『環境と共生する「農」』ミネルヴァ書房、36頁。原典：Oligopoly,
Inc. 2005；Concentration：http://www.etcgroup.org/content/oli）

食品開発が進んでいる。そして、国際的な流通網のなかでの画一化・集中化が
おきることで、深刻な多様性の喪失が世界規模で進行している。すでにパラダ
イム、レジーム論で指摘したように、世界の食料・農業システムが、安売り競
争の下でグローバルにスーパーマーケット化ないし画一化という意味で食のマ
クドナルド化現象が起きているのである。
　それは一面では、生産性の向上と価格低下を実現させたことで、経済的合理
性からみれば効率化が実現できたとも言える。だが、自然環境や人間の社会シ
ステムを総合的にとらえるならば、特定の価値尺度だけの一面的な効率向上だ
けでは見落としてしまう側面がある。環境・社会・文化面など数量化できない
ところで、巨大な損失や矛盾を増大させてしまう恐れがあるのである。つまり、
「食と農」に内在している大地と自然との関係性、地域の食文化や人々の暮らし、
農産加工や地域経済など地域的多様性とバラエティに富んだ文化的発展の原動
力を喪失していく問題の重大性に目を向ける必要がある。世界的に農山村の生
活基盤やコミュニティの崩壊とともに、生活全体がビジネスの世界に巻き込ま
れ、売り買いだけの関係が優位を占めてしまい、地域と風土に根づいてきた食
文化や生活慣習などが失われつつある。それに並行して、社会・文化の多様性

から自然資源（遺伝子を含む）の多様性までもが消え去りつつあるのが、グローバリゼーションの今日的状況と言ってよいだろう。

# 3　グローバル化への抵抗——食と農の自立と国際連帯

　SDGsのゴール1（貧困）、ゴール2（飢餓）に関して、食料安全保障の考え方について長い論争がある。ふり返ってみると、かつて20世紀末の1994年までのガット（関税貿易一般協定）体制下、日本でのコメの市場開放問題に揺れた当時の状況が思いおこされる。昨今のTPPをめぐる動きを見ると、かつてと同じ状況がさらに展開しているかのようだ。日本の農業と農村を襲った最初の大波とも言える当時の状況が、今に重なって立ち現われているかにみえる。ガット体制下の当時（1988年）、「食糧自立を考える国際シンポジウム」が多くの方の協力の下で開催された。[1] 当時のシンポジウムにおいて、農業・農村の危機的事態は一国内の地域問題ではなく、先進国と途上国を含めて同時多発的・世界的に進行している事態であること、その矛盾構造を国際的な視野に立って認識して対処すべきことについて、確認しあったことが思いおこされる。

　グローバリゼーション発信地とも言える欧米からの家族農業（農民）の窮状の訴え、市場開放の大波を受けて翻弄する韓国や台湾の農民、さらに飢餓輸出的な状況を抱える東南アジア（タイ）やアフリカ（セネガル）の農民や活動家が一堂に会し、食料の自立をめざすための世界的な連帯を呼びかけるシンポジウム（集会）であった。とくに途上国においては、開発政策による輸出圧力の下で、商品経済が人々の伝統的生活を解体させてきた。効率性の原理と尺度だけで物事がすべて判断され、それに合わないものがどんどん切り捨てられたのである。地域の"おくれた自給的農業"あるいは"未開発・未利用の資源"として自然が価格付けされ、先住民族の社会や文化は排除を余儀なくされてきたのだった。

　地球的視野に立って、世界的矛盾構造を簡略に描きだすと次のように示せるだろう。地域レベルでの商品経済の浸透や開発政策の下で、自給的農業や弱小農家が経済的に立ち行かなくなる。市場競争で優位に立つ大規模農場（大地主や大資本あるいは多国籍アグリビジネス）が販売力をつけ、市場拡大が進行す

るなかで、国境を越えて対外的には自由貿易と国際的分業の拡大へと進んでいく。それは一方では国境を越えた貿易摩擦問題を生じつつ、結局はグローバルな国際分業体制への組み込みが進み、世界の食料システムの画一化と寡占化（少数支配）の構造が形づくられていく。このプロセスでは、各国とりわけ農山漁村（自給・自立的経済）の衰退を引きおこし、自然の収奪や環境破壊、人口の都市集中、スラム（貧困）拡大など、社会格差問題を連鎖的に進行させていくのである。

　市場経済を否定するわけではなく、グローバル化の正と負の両側面をしっかりと見きわめる目が必要なのである。闇雲な規制緩和ではない相互調整的な政策の確立がのぞまれる。とくに貧富の拡大や地域格差が深刻化する現代においては、国際的な視野の下での地域自立への配慮や、世界的連帯を再構築するような社会的運動が再び求められている。こうした動きは、農業分野にとどまらず広範な広がりをみせ始めている。近年で言えば米国ウォール街占拠に端を発して世界中に広まった「1％の富者に対する99％の市民（貧者）の告発」運動などは、グローバル化の矛盾を突いた展開と見ることができる。あるいは、昨今のTPP（環太平洋経済連携協定）をめぐる状況も同様である。日本では、農業保護（関税）の撤廃問題としてクローズアップされているが、交渉分野のうちの農業はごく一部でしかない。労働力の移動、各種規制の統一化（緩和）、知財保護、投資家保護、競争力の強化、供給チェーン効率化など、グローバル経済がいっそう促進されている。誰にとってどのように有利に進められるかこそが争点であり、農業分野はその駆け引きに組み込まれている存在なのである。

　グローバル経済競争で巨利を見込む勢力がいる一方で、当然のことながら競争激化に淘汰される部分や分野では、甚大なる影響と再編を迫られる。実際、TPP交渉に加わる各国においても、分野や内容に関しては決して一枚岩ではない。たとえば推進する国の政府に対して、危惧を表明する動きが国内的勢力としてもある。具体的に見ると、TPP推進国のニュージーランドでも、各種市民団体や労働組合が、遺伝子組み換え食品・医薬品・土地・資源利用権・先住民の権利などの規制緩和に反対し、また医療・保険・メディア各種サービス（教育・金融を含む）への悪影響などについて、懸念を表明している（TPP WATCH）。マレーシアでも政府の自由化政策に対して、自由貿易協定（FTA）反対グルー

プが国内の各種分野に対する悪影響を指摘し、とくに食料安全保障の観点から国内の農業や農民が食料危機的事態に巻き込まれる懸念を表明している（FTA Malaysia）。トランプ政権下のTPPに距離を置いた米国においても、かねてから市民団体からの批判と問題点が指摘されていた（Public Citizen）。

　近年の反グローバリゼーションの潮流では、〈世界は売り物ではない〉（Our World is not for Sale、環境・人権・労働分野などの世界216団体参加）などがあり、現在の自由貿易体制は大企業を利するのみだとの批判を展開してきた。そのメンバー団体の「農民の道」（Via Campesina）は、途上国を中心に世界81ヵ国の小農民運動団体182からなり（2019年）、各国の食料主権の確立・強化をめざして自由貿易反対運動の先陣を切った動きを展開してきたのだった。

　グローバル経済の矛盾への対抗力として、食と農をめぐる運動の立脚点となる概念に、「食料主権」の考え方がある。以下、その点に注目してその流れについて考察することにしたい。[2]

# 4　"食と農の尊厳性"（文化）の復権

　ふり返ると、1996年ローマで開催された国連「世界食料サミット」は、21世紀の世界の食料・農業をどう展望するか、岐路を見定める意味では興味深い会議であった。このサミットのローマ宣言で、すべての人の食料安全保障の達成や2015年までに世界の飢餓人口の半減をめざすことなどが明記された。宣言では、平和、貧困問題、社会的・政治的・経済的な安定、男女平等の確立と参加、農・漁・林業者や先住民を含めての役割の重視などが記されており、理念の上ではそれなりの成果が盛り込まれていた。しかし、各国の国益を土台にする国連の会議の限界ともいえるが、先進諸国の富と豊かさがはらむ問題（過剰な消費）や商品作物依存（輸出振興、貿易依存）による途上国の飢餓問題（自給作物が輸出作物に替わる）、アグリビジネスによる市場支配などといった矛盾に関してはふれられなかった。それどころか、貿易による食料安全保障の達成やWTO（世界貿易機関）体制の重視、明言はされていないがバイオ技術などによる増産技術などへの期待など、現状を追認する傾向が強い内容であった。

　本会議と並行して開かれたNGOによるフォーラムに参加したが、世界80ヵ

国から1,000人をこえる代表が集まった。ローマ宣言に対し、NGOは独自の声明を発表、メインタイトルは「少数のための利益、それとも、すべての人々に食料」、副タイトルは「飢餓の世界化を消滅させるための食料主権と安全保障」であった。ここで注目したいのは、少数＝アグリビジネスの利益という点と、"食料主権"（Food Sovereignty）である。"食料主権"（直訳）についての説明は後にゆずり、まず、「少数のための利益」という問題について見ておこう。

　途上国の乏しい土地や資源が、多くの輸出向け"換金"作物の生産に使用されており、たとえば、ブラジルは世界第3位の食料・農産物の輸出国になったが（1990年代当時、現在は最大の輸出国）、国民の半分近くは栄養不良状態にある。ブラジルと同じく農産物輸出国アルゼンチンも、人口の3分の1が栄養不良状態にある。貿易促進が食料安全保障につながらない実態として、世界最大の農産物輸出国の米国でさえ、その人口の1割以上の人々が食料を十分に確保できない状態（多くが食料切符受給者、現在も同様）にある。食料の増産や貿易拡大で飢餓をなくせるなどということ（食料安全保障）は、明らかに成り立たない。NGOフォーラムが出した声明文の序文のなかには、「……経済のグローバル化は、多国籍企業の責任感の欠如、過剰消費パターンの蔓延とともに世界に貧困を増大させた。今日の世界経済は、失業と低賃金そして地域経済と家族農業の崩壊によって特徴づけられる。……」と記されているが、その矛盾は今日では日本を含めてまさにグローバル化しているのである。

　とくに"食料主権"（Food Sovereignty）という言葉について着目したい。"食料主権"（直訳）と訳されるのが常だが、私の印象としては、食料の独自性の尊重すなわち食の尊厳性といったほうが、その真意が伝わるものとして理解している。というのも、この言葉は西洋的な物質主義文明の支配を批判して文化の独自性の復権を強く主張する南米のグループや先住民グループが以前から訴えてきたもので、このNGOフォーラムでも最終段階でとくにタイトル案として提案されて入れ込まれたものだった（この食料サミットを契機に、世界的小農民団体ビア・カンペシーナは「食料主権」運動を世界的に展開させた）。

　彼らの主張の根底には、「食と農」の営みの根源において生命や自然との交流・交歓があり、精神的・宗教的意味を含む地域の民族文化や歴史が深く蓄積されている崇高なものとの認識があったと思われる。そうした"食と農の尊厳性"（文

化）が破壊されたが故に、食と農の軽視や自然・環境そして地域社会の破壊が進み、結果的に人類の食料安全保障の基盤が崩されていると見るのである。まさにその復権をめざす闘い、いわば文明的な価値の根源的問いかけが、この言葉には織り込まれていた。古くは植民地政策による文化の破壊から、近年の近代化・開発政策・商業化の波による地域文化や人々のアイデンティティの崩壊現象といった事態をふまえるならば、「食と農」への思い入れと思想的・文化的な価値の復権・再構築とは、21世紀の文明のあり方への根源的な問題提起と言えるのではなかろうか。NGOの声明文の最後の食料の権利に関する提案項目の冒頭には、次のように記述されている。

「世界食料安全保障の実現のためには、各国の食料の主権が、貿易自由化やマクロ経済政策より優先することを国際法において食料の権利として保障されなければならない。食料は、そのもつ社会的・文化的な次元における重要性においてたんなる商品と見なすことはできない。」

　すなわち、食・農に関わるNGOは、食料安全保障を促進する基礎においては、貿易の促進ではなく地域社会の永続性、持続可能なコミュニティや農村を維持・促進する体制づくりこそが重要だと主張しているのである。つまり農業・農村がもつ地域経済・コミュニティの下支え機能、食文化に象徴される風土・文化形成など社会的基盤形成、いわゆる地域社会のバランスのとれた公正な維持・発展こそが、世界の食と農を立て直す基本政策となるべきことを世界的に提起したのであった。

　21世紀の人類が、この地球上で安定して他の生物とも共存しながら末長く暮らしていく道とは、食と農の基盤を強化していくことだと思われる。地球環境を全体として見た場合に、人間の居住地域として最大の面積を占めているのが農業地域（放牧地も含む）であり、自然環境と人工環境のいわば接点として非常に大切な機能を担ってきた。そこに地球環境と共存するための重要な鍵がある。米国に象徴される新大陸型の大規模・モノカルチャー・貿易志向型の農業に対して、地域の多様性とコミュニティを尊重する自然・農村・文化複合型の農林漁業の重要性が、新たな文脈の下で再認識される時代となってきたのではなかろうか。

　最近の里山・里海の見直しや「農的暮らし」を再評価する動きも、こうした

時代認識と無関係ではない。これからの第1次産業がはたしうる重要な役割として、世界各地で、地域の生態環境とのバランスのとれた農村と農林漁業を育成していくことを国際的な政策目標として明確化していく必要がある。それは地球環境の不安定化や地域固有の文化の衰退に対する防波堤のような役割をはたすものと考えられる。それは、まさしく21世紀の農林漁業（第1次産業）が担うべき役割であり、食料主権に基づく「食・農の尊厳性」と「人間生態系の安全保障」（広義の人間の安全保障）の土台をなす考え方なのである。[3]

# 5　単一・排他から多様・共生の生産力へ
## ──温故知新、循環・共生の世界

　第1次産業への新たな見直しとともに、従来の発展観や生産力の問い直しについても根源的に見直す必要があるだろう。これまでの発展とは、20世紀型近代文明を支えてきた"単一的・排他型の極大化技術"がもたらした成果でありかつ失敗であると言えるのではなかろうか。すなわち、多様な価値のなかの一つの価値尺度（とくに経済的・貨幣換算価値）だけで、効率と生産性を最大化・極大化させる技術がもたらす巨大な生産力によって、豊かな経済社会を実現させてきた。しかし、その物質的豊かさとは裏腹に、地球環境問題の深刻化など生存基盤の根幹を揺るがす事態を生みだしてきたのだった。

　21世紀の人類は、これまでの生産力システムの特徴である"単一極大化型生産力"のあり方の変革を迫られており、異なる発想と世界観に基づく別の道（オルタナティブ）が求められているのである。その変革内容とは、排他性と単一化に傾斜する従来の発展観とは異なるもので、多様な関係づくりと多面的価値の創出を志向する"多面的・共生型生産力"への転換である。それは関係性の再構築、循環と相補性を基本においた持続可能な生産と消費（SDGsゴール12）に基づく共生社会をめざすものと言ってもよい。

　私たちは、これまでの発展パターンの大きな欠陥を真摯に受けとめ、軌道修正と構造変革を速やかに実行していくための青写真（トータルビジョン）を早急につくる必要がある。この点は、まさにSDGsを真に実現していくための土台形成として、世界観の確立につながる論点である。ここで再びパラダイム的な

図Ⅱ-4　地球システムと人間社会・経済システム

（筆者作成）

視点に立ち戻って、論じることにしよう。従来の発展形態は、大量生産・消費・廃棄に象徴される、社会システムの入口（INPUT）と出口（OUTPUT）をどんどん拡大する形で経済発展をとげるものだった（図Ⅱ-4）。つまり、入口での資源採取と、出口での廃棄・汚染を、どんどん広げて社会経済システムでの単一的価値（狭義の経済価値）を拡大膨張させてきた。それが、資源と環境の限界性にぶつかって入口と出口を縮小しながら社会経済システムを維持・発展させるというパラダイム（基本的枠組み）の転換を求められているのである。

　そもそも私たち人間が生きているということは、周囲と切り離されて自分だけ孤立的に存在しているわけではない。周りの世界とのつながり、空気、水はもちろんのこと、食べ物でいえば、水田とのつながり、家畜とのつながり、あるいは地域の山々や樹木ともつながっている。栄養源の供給から見ても漁業や田んぼや畑は元来、林や森林とのつながりのなかで、それらがうまく働き合う関係（共生的関係）で成り立つ側面を内在させていた。そこに永続的な社会の基盤が築かれていたのである。

　産業社会以前の多くの農業社会では、自然の物質循環系と似たようなサイクルを社会の基礎に発展させてきたかにみえる。たとえば日本の場合、江戸時代には都市内の人糞尿が回収されて農地へと戻されるような循環サイクルが形成されていた。これは、"食"の延長線上に"農"的環境が循環サイクルとして整えられてきたと見ることができる。水田農耕文化を育んできた日本における興味深い事例としては、食・住・衣すべてに関係をもつワラ（藁）利用において、多面的展開の象徴的な姿を読みとることができる。ワラ細工、わらじ、蓑、縄、俵、

雪沓、鍋つかみ、壁土の補強材、玩具、そして精神的・宗教的世界の領域のシンボルである神社のしめ縄に至るまで、多種多彩なワラ工芸品が生活文化用具として利用されてきた。そして最終的な廃棄物は田んぼや畑へ還元され、循環を形づくってきたのである。まさに、ゼロ・エミッション（廃棄物ゼロ）の原型モデルがここには体現されていたと言ってよかろう。ワラの生活資材への多様な利用が多段階に組み立てられ、循環・再利用されて農地に還る流れとともに、燃料としての利用後には、灰まで染め物や鋳物などに有効活用されていたのである。

　人間の社会では、とくに食と農において生活と文化が重なりあって独自の文化様式を形成してきた。世界のさまざまな民族や地方・地域の生活様式を見たとき、食と農の営みは中核的な位置にあることが多い。それは生命や天地・自然との交流・交歓を導くものとして、各種儀礼や祭りを成立させ、さまざまな慣習を育んできた。農業は英語でアグリカルチャー（Agriculture）だが、文化（カルチャー）に深くつながる存在なのである。地域の文化ないしアイデンティティが、食や農に付随する自然の多様性と呼応し合いながら、そこに精神的・宗教的意味を含む文化的な多様性が形成され、歴史的に展開されてきた。

　日本での稲作という生産活動は、米の食料生産のみならず、米を実らす稲ワラを大切に扱い、生活用具としての利用とともに、大地・自然からの恵みの賜ないし生命の交換・交流の営みのシンボリックな意味をも付与してきた。それは新年のしめ飾りや神社のしめ縄などに、また相撲での土俵や横綱が締めるしめ縄などにも象徴されているが、天地の恵みへの祈願の意味が込められていたと考えられる。人間界と天をつなぐ意味合いで、お盆での先祖の送り迎えの際にワラを焚く地域が多いことも、ワラに込められた循環的な意味合いの投影ととらえることができる。

　物的な素材としての多面的な利用の展開以上に、精神的ないし宗教的な意味合いが加味されていることはたいへん興味深い点だと思われる。実利的な利用としての"物質循環の世界"（リサイクル）とともに、それを支える自然の力と精神的な拠り所を重ね合わせる"精神世界の循環"（リジェネレーション：再生）としても表裏一体的に形づくられていることは、人間社会のあり方としては非常に示唆に富むことではなかろうか（図Ⅱ－5）。

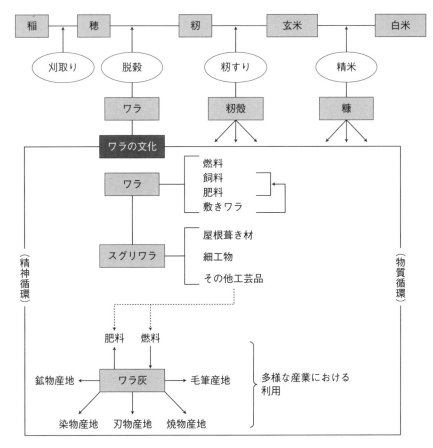

図Ⅱ-5　ワラ利用の多面的な展開
（出所：宮崎清『藁Ⅰ．Ⅱ』法政大学出版局を参考に筆者作成。
簡略図：https://www.kokugakuin.ac.jp/article/99400）

　図Ⅱ-5においては、注目しておきたいもう一つの論点がある。近代社会の価値観では、上部の横軸に示されている米（食料）生産過程だけを注目する単線的・単一的な生産概念として効用をとらえがちである。それに対して伝統的社会の価値観では、単線的な横軸（モノカルチャー）だけを見るのではなく、各段階で縦軸の展開において利用価値（副産物）を複数産み出しつつ、循環的・複線的に利用の輪を拡げている様子が読みとれる。その利用形態は、既述したように多様な生活用具のみならず精神的・宗教的な意味合いが付与された複合的効

用（マルチカルチャー）として展開されているのである。これは、まさしく“単一・極大化生産力”に対する“多面的・共生型生産力”としての展開として考えることができ、私たちの生産力のとらえ方について見直しを迫る好事例と見ることができる。

　共生型生産力の展開に関しては、以下のような先人の問題提起が注目される。その一つに、三澤勝衛（1885年長野県生まれ）の風土産業論がある。長野県諏訪中学（現諏訪清陵高校）の地理の教師として教壇に立ちながら、独自の視点で地域の個性を風土としてとらえ、風土を活かした人々の暮らしや生活、農業や産業形成のあり方を考察し、風土産業という概念を提唱した人物である。詳細は著作『風土産業』にゆずるが、大地・自然の多様性に人間が寄り添って、そこに秘められている潜在的な可能性を見出し地域の産業や生活に活かしていく試みは、これからの自然調和型の産業発展にとって重要な示唆を与えている。まさに来るべき時代の哲学、生活、産業や経営のあり方を先取りしたものとして注目に値する。

　多様な風土に適合した各地の人々の暮らしに着目し、その地域の潜在的可能性（風土）から地場産業の多面的な発展形態を見出そうとするとらえ方である。その具体的な興味深い循環型の産業形成として「連環式経営」が提唱されている。たとえば昔からの特産品に長野の寒冷地での凍豆腐があるが、豆腐のおからが豚の餌となり、豚糞が肥料として桑畑や野菜の生産に活かされ、そこに各種加工産業が組み立てられていく連環的な展開を連環式として描き出している。それはまさしく廃棄物ゼロの循環産業形成として国連大学が提唱するゼロ・エミッション構想などにも通じるものである。

　同様の問題提起として注目したいものに立体農業論がある。戦前から戦後にかけて活躍した社会活動家の賀川豊彦が紹介した翻訳書として『立体農業の研究』（1933年、恒星社）がある。同書において、非常に重要な問題提起がなされている。それは、平坦地だけで効率性を追求するモノカルチャー（単一耕作）的な農業の限界を示唆したもので、有機農業的なあり方や後述するアグロエコロジーに通じる考え方であり、多様な自然環境に則した複合的で立体的な農業の展開方向を提起したものである。原書はラッセル・スミスによる『Tree Crops』（樹木作物）という本で、米国での穀物（一年生作物）の過剰耕作によ

る土壌侵食を克服する手だてとして樹木作物（永年作物）の効用を著したものであった。本書は、今日的にはアグロフォレストリー（農林複合）の先駆けとして再評価されている内容であり、有機農業的なさまざまな展開のなかではパーマカルチャーの考え方に通じるものである。[4]

　賀川は当時、貧窮にあえぐ農村と農業の再建の道を見出すべく本書の重要性をより深く読み込んで、以下のように解説している（以下は序論より引用）。

　　「然し立体農業は、立体的作物だけを意味しない。地面を立体的に使うという野心が含まれている。我々は、樹木作物の間に蜂を飼ひ、豚を飼ひ、山羊を飼ふことは容易であり、その傍らを流れる小川に鯉を飼ふことはさう困難ではないと思つている。その他、土地を有効に、多角的にまた立体的に組合わせて日本の土地を利用すれば、今まで棄ててあつた日本の原野が充分に生き返ると私は思つている」[5]

　こうした賀川豊彦の主張や三澤勝衛の構想は、第一次産業というあり方を自然の恵みを活かす産業として、より多面的、総合的、立体的に組み立てていく可能性とその重要性について提起したものである。戦前から戦後間もなくの当時の状況を考えてみると、世界経済の不安定化（世界恐慌）や資源的な限界に対応を迫られるといった逼迫した事態が背景にあった。一方で外への拡大・膨張路線へと傾く方向性が生じた反面で、逆に内への見直しないしは足下の豊かさの再発見・再構築という方向性が模索された時代でもあったと思われる。その意味では、三澤や賀川の提起は現在の時代状況とも相通じるところがあり、あらためて温故知新という意味合いからの将来展望として重要な提起である（図Ⅰ－13　産業構造・社会経済の推移、57頁参照）。

# 6　今後に向けて——ローカルからグローバルへの提言

　日本と世界の今後の政策指針として、目先の経済優先を克服するための将来方向に関して3点ほど提起し、第Ⅱ部を閉じることにしたい。
(1)　自然・生命産業としての第1次産業は、食・農・環境の緊密な関係性をふまえて、食料安全保障と環境（自然生態系）安全保障を融合させた「食・農・環境安全保障」の根幹を支えるものである。私たちの身体は、大地・自然の

循環の一部を成しており、とりわけ食と農によって基本的に支えられている。私たちの健康は、環境に調和した農の営みと食に基づき、内なる人間の身体環境と外なる地球環境として密接不可分につながっている（身土不二の考え方）。食・農・環境の緊密な関係性をあらためて再評価し、地球の多様な生態環境と調和した持続可能な第1次産業の形成こそが、私たちの健康と環境を維持するための基本であり土台であることを再認識すべきである。

　人類生存の根幹に関わる第1次産業、とりわけ農業の重視と再評価が求められている。それは、各国・各地域の生態環境に適合した持続可能な第1次産業の確立であり、それに基づいて各国・各地域の自立性と多様性を高めることで、地球環境全体の安定性を高めることにつながっていくのである（食・農・環境の安全保障）。

(2)　本来の農業は、地域資源と風土に結びついた生産活動である。そこで必要なことは、農産物を工業製品のように扱う農業生産の画一化や工業化の推進ではなく、各地域・各国の環境や資源循環、地域文化に応じた多様な農林漁業の基盤づくりであり支援体制の強化である。また、その生産を安定させる流通や市場、消費文化のあり方としては、過度な商品化や市場優先の矛盾を認識するとともに、生産と消費の安定的関係や相互啓発的な人間的関係を大切にする生産・流通・消費の有機的な結合（生活文化）の形成が重要である。

　有機的連携は、農業内部のみならず農業と他の産業セクターや消費者との連携、とりわけ食生活、生活環境、生産様式のきめ細かい点検や環境・社会的な持続性の向上と結びついたものとして構築すべきである。食と農の復権とは、生命循環を重視する社会・文化形成の根幹をなす土台づくりである。めざすべき社会の姿は、第1次産業を中核とする有機循環の構築であり、ヒューマンスケールの相互信頼可能な関係性のもと、地域連携を深め生命の持続性を基礎とする循環型社会の形成である（有機的連携・循環共生社会の形成）。

(3)　グローバル化が進み一体化しつつある世界経済において、日本から世界に対して第1次産業の復権と環境調和型経済（グリーンエコノミー）構築のために、世界各国の地域性を考慮した政策を提起する必要がある。とくにアジア地域や多くの途上国においては、文化的・地域的安定に大きく貢献してき

た小農・家族農業を、健全な形で維持・発展させるための政策を重視していく必要がある。行き過ぎた競争や弱者切り捨てというグローバル経済の負の側面に対して、食・農・環境を重視する総合的な保全策（農業の多面的価値）を推進するべきである。とくに2014年の国際家族農業年とそれに続く「国連家族農業の10年」（2019 ～ 2028）の意義について世界的に広く深く認識しなければならない（農業のマルチカルチャーとしての展開）。

　それぞれの国や地域が最小限守るべき農業維持の基本ベース（アグリ・ミニマム）の重要性について、日本から世界に向けて具体的に提言をしていく必要があるだろう。すなわち、地域の産業や経済を尊重し、国レベルの農業・食料主権を確認するとともに、地域レベル、国レベルの自立・自給性の向上と、有機農業、持続可能な農林漁業を促進することが重要である。さらに、こうした方向性を国際的に共有する共通農業政策として各国に理解をもとめ、農業をはじめとする第1次産業の意義と重要性を、日本から世界に積極的に発信していくべきである。[6]

## 注

1) 農文協編 「食糧自立を考える国際シンポジウム」『現代農業・臨時増刊』、1989年2月

2) 関連情報、古沢広祐 「歪むグローバル化がもたらす世界——TPPで変わる私たちの生活」『農業と経済』昭和堂、2013年9月

3) 関連情報、古沢広祐 「食と農の復権を!——食料サミットを超えてNGOが提起した課題——」『農業と経済』昭和堂、1997年2月。同 「食・農・環境のセキュリティと食料主権の確立——基本的人権、人間の安全保障、文化多様性の視点から」『農業と経済』（臨時増刊号）昭和堂、2007年8月

4) パーマカルチャーセンタージャパン （PCCJ） のサイト：http://pccj.jp/

5) ラッセル・スミス『立体農業の研究』賀川豊彦・内山俊雄訳、恒星社、1933年（原書は、TREE CROPS：A PERMANENT AGRICULTURE, by J. RUSSELL SMITH, 1929 ネットにて公開：https://soilandhealth.org/wp-content/uploads/01aglibrary/010175.tree%20crops.pdf

6) 今後に向けての提言は、宇根豊・木内孝ほか編著 『本来農業宣言』 コモンズ、2009年のなかで古沢が執筆した内容を簡潔にまとめたものである

## 参考文献

石毛直道監修・吉田集而責任編集『人類の食文化』（講座食の文化第一巻）、財団法人味の素食の文化センター、1998年

石毛直道『食の文化地理』朝日選書、1995年、のち講談社学術文庫『世界の食べもの　食の文化地理』改題（2013年）

伊庭みか子・古沢広祐編著『ガット・自由貿易への疑問』学陽書房、1993年

国連世界食料保障委員会専門家ハイレベルパネル『家族農業が世界の未来を拓く：食料保障のための小規模農業への投資』家族農業研究会訳、農文協、2014年

小規模家族農業ネットワークジャパン編『よくわかる国連「家族農業の10年」と「小農の権利宣言」』農文協、2019年

祖田修『農学原論』岩波書店、2000年

古沢広祐『食べるってどんなこと?――あなたと考えたい命のつながりあい』平凡社、2017年

古沢広祐「人間と食の文化史」、杉村和彦・祖田修編著『食と農を学ぶ人のために』世界思想社、2010年

古沢広祐「地球とともに生きる食と農の世界」桝潟俊子・谷口吉光・立川雅司編著『食と農の社会学』ミネルヴァ書房、2014年

古沢広祐・蕪栗沼ふゆみずたんぼプロジェクト・村山邦彦・河名秀郎『環境と共生する「農」』ミネルヴァ書房、2015年

三澤勝衛『風土産業』三澤勝衛著作集第3巻、農文協、2008年

安井大輔編『フードスタディーズ・ガイドブック』ナカニシヤ出版、2019年

# [6]

# エコロジーと農業がむすぶ潮流
## ——アグロエコロジーと農業・農村

## 1　アグロエコロジーをめぐる時代潮流

　有機農業や環境保全型農業という言葉はそれなりに定着しているが、近年よく使われ出しているアグロエコロジーという言葉は、日本ではなじみがない方も多いだろう。関連する言葉としては、自然農法や自然農、生態系農業、カタカナ語ではエコファーマー、バイオダイナミック農法、アグロフォレストリー、パーマカルチャーなどがある。百花繚乱のごとくさまざまな言葉や取り組みがあるが、アグロエコロジーという言葉には多くの営みが集約されて表現されている側面がある。

　さまざまな取り組みは、大なり小なり農業の工業的な展開としての近代農業（化学化、機械化、モノカルチャー化）への対抗的な意味をもって出現してきた。最近の動向を見ると、少し前までは有機農業が近代農業への対抗的意味合い、体制批判の社会運動的な意味合いを色濃くもっていた。しかし、最近はオーガニックブームや付加価値をもつ食品として、有機農業は体制内的な位置に落ち着いてきたきらいがある。現状への問題提起・対抗力としての意味合いが薄れてきた有機農業に対し、社会批判ないし社会変革的要素が、アグロエコロジーという言葉に込められている点に注目したい。その点に関して、以下ではアグロエコロジーが生まれてきた背景や新潮流としての革新性について見ていくことにしよう。

　近年の歴史を再度ふり返ると、あるべき世界や社会のあり方として、持続可能性（サステナビリティ）という用語が地球サミット（国連環境開発会議、1992年）

以降に普及してきた様子はすでに見てきたとおりである。それが、農業分野での展開としてアグロエコロジーを登場させる動きにつながってきたと思われる。というのも、サステナビリティの基本的三要素である、経済、環境、社会という広い領域が、アグロエコロジーの概念には含まれるからである。とくに2015年国連総会において全会一致で採択された持続可能な開発目標（SDGs）において、世界的に持続可能な食料・農業システムの形成が求められており、とくにFAO（国連食糧農業機関）などがアグロエコロジーに期待を寄せているのである。

[6]では、アグロエコロジーをめぐる世界的潮流を概観し、日本の動向について考える。その際、領域横断的なアグロエコロジー的展開の意義に注目するとともに、SDGsが追求する持続可能な食料・農業システムのあり方との関連性についても論じることにしたい。

さまざまな要素を含みこむアグロエコロジーだが、多様な使い方についてはFAOが集約してサイト（データベース）を公開している。もともとの狭義の意味としては、農業の営みに生態学的原理や視点を適応し研究していく取り組みであったが、とくに1980年代から社会・経済・文化・政治的な要素が加わって概念が拡張されてきた。すなわち、従来の農業への生態学的な視点からの研究と変革を促す動きから、社会的、政治的、文化的な変革にまで広がりをみせており、FAOはアグロエコロジーに含まれる基本的概念を10のキーワードにまとめている。[1]

すなわち、生物多様性、共創と知識共有、相乗・融合効果、リサイクル、資源効率性、レジリエンス（回復力）、人間的・社会的価値、文化と食の伝統、責任あるガバナンス、循環経済・連帯経済である。相互の関連は、図Ⅱ−6のように示されている。それぞれ重要な意味をもつ言葉であり説明を要するのだが、紙面の制約もあるので、それら諸要素についてはFAOのサイトなどから読みとっていただきたい。

さまざまな潮流が今日のアグロエコロジーの動きにつながっているが、そのなかでも有機農業の隆盛については、最初の草分け的展開として位置づけられる。思い返せば、1960年代から農薬被害を告発した名著『沈黙の春』（レイチェル・カーソン著、新潮文庫、1974年）が話題となり、1970年代には有機農業運

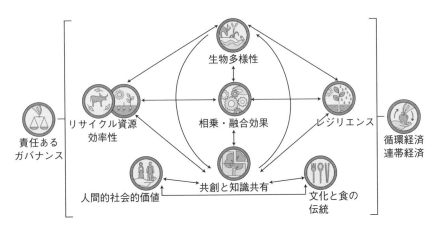

図Ⅱ-6　アグロエコロジーの10要素の関係図
（出所：古沢広祐「エコロジーと農業がむすぶアグロエコロジー」『農業と経済』、2019年3月号
FAOの図から日本語訳で表記した。http://www.fao.org/agroecology/knowledge/10-elements/en/）

動が世界的に胎動する動きがおき、いわば第一の潮流と位置づけられる。当時は、環境問題が深刻化するなかで反公害運動やエコロジー運動が台頭した時代であり、有機農業運動もそうした時代的な潮流の一翼を担っていた。

　当時の時代状況を象徴したものに、ローマ・クラブが出した『成長の限界』や、エコロジー運動の象徴的な言葉になった『スモール　イズ　ビューティフル』（シューマッハ）がある。またすでに紹介したが、農業分野で日本との関わりでは、自然農法で知られる福岡正信著『自然農法・わら一本の革命』が英訳されて世界的に注目されたり、『東アジア四千年の永続農業』（100頁の参考文献参照）の復刻版が出されたりしている。

　さらに、農業の生産力を飛躍的に拡大する近代農業が、途上国に適用されて飢餓を解決するとして「緑の革命」がもてはやされたが、その負の帰結が、大規模企業型（輸出志向）農業による土壌荒廃（塩類集積、水資源枯渇、環境破壊）や小農民の土地収奪と貧富格差の拡大であった。途上国側からの近代農業批判としては、バンダナ・シヴァ著『緑の革命とその暴力』（日本経済評論社、1997年）などがある。いわば生産力主義に傾斜した工業的農業へのエコロジー運動からの批判や対抗が生じ、その再構築をめざす動きの一翼を有機農業が担ったのであった。

　こうした時代潮流の動きのなかで、世界的には地球環境問題の深刻化をうけて、発展や開発のあり方自体が批判される動きが生じてくる。それが、持続可能性（サステナビリティ）を軸とする第二の潮流とでもいうべき動きへとつながっていく。象徴的な出来事が地球サミット（1992年）であり、こうした変革を促す潮流として、農業・農村の持続可能性をめぐる動きが出てきたことから、次に詳しく見ておこう。

　まず持続可能性という概念が普及してきた世界的な文脈をみると、1987年の国連ブルントラント委員会報告でキーワードになった「持続可能な開発」（Sustainable Development）の概念提示がある。農業分野での持続可能性については、環境への悪影響をもたらす従来の農法に対する見直しがおきて、狭義の意味でのアグロエコロジー研究が進められていく。具体的な政策展開としては、米国では1990年農業法において持続可能な農業（Sustainable Agriculture）が提起され、それ以前からの総合防除（IPM）のもとで取り組まれてきた低投入持続型農業（LISA）などの取り組みが強化されたのだった。

# 2　生態学<ruby>エコロジー</ruby>から社会・政治・文化への広がり
## ──食と農の復権

　注目すべき動きとしては、「持続可能な農業・農村」として農業と農村がセットになって使用されるようになった流れが当時からあったことである。国際的合意文書では、前述の地球サミット（1992年）で採択された「アジェンダ21」（21世紀行動計画）の第14章「持続可能な農業・農村の開発の促進」（SARD）がある。農業という営みと農村という暮らしが切り離せないものと認識されていることを示している。「アジェンダ21」は、人類が21世紀に向けて取り組むべき課題が全40章、351頁にわたって詳細に提示されており、各国の政策展開において道標的な役割をはたしてきた。まさに、SDGs（2030アジェンダ）のルーツと位置づけてよいものである。

　その後、農業・食料分野での関連する動きとしては、［5］で紹介した国連「世界食料サミット」（1996年、ローマ）があり「世界食料安全保障に関するローマ宣言」と行動計画などに引き継がれていく。しかし、前述したように同サミッ

トに並行して開催されたNGOフォーラムでは、国家政策的な食料安全保障の考え方に対抗する概念として、食料主権（Food Sovereignty）が提起されたのだった。同サミットの食料安全保障の考え方が、国際貿易や開発促進に重きがあることへの批判として、小農民（家族農業）の世界的組織「ビア・カンペシーナ」が農民の権利や食と農の尊厳性を重視する立場から、食料主権が提起されたことは［5］で紹介したとおりである。

　こうした問題提起は、その後のアグロエコロジーの展開がビア・カンペシーナなどによって途上国の農業・農村を軸とする動きとして広がるなかで、社会・政治・文化的な運動展開に引き継がれていく。注目される動きは主にラテンアメリカにおいて展開されており、ブラジルでの動きや政治的危機に陥ったキューバでの取り組みが興味深い。アグロエコロジーが幅広い分野をカバーしている状況は、FAO主催のアグロエコロジーに関する国際シンポジウム（2014年、ローマ）、その翌年開催された国際アグロエコロジー・フォーラム（2015年、マリ）、第2回国際アグロエコロジーシンポジウム（2018年、ローマ）などの宣言文などで明確に示されている。関連した動きでは、農業の担い手や主体性を明示する興味深い動きとして、国際家族農業年（2014年）、国連「家族農業の10年」（2019～2028年）、国連「小農の権利宣言」（2018年12月）などが実現している。

　有機農業の運動についても、無農薬・無化学肥料や遺伝子組み換えの排除などといった生産方法の重視だけでなく、社会的な側面に視野を広げる動きがおきている。具体的には、国際有機農業運動連盟（IFOAM）が新たな4つの基本原則（エコロジー、健康、公正、配慮）を提示したのだった（2005年）。生態学的な原則のみならず社会的な価値の重視へと拡張している様子は、アグロエコロジーの展開と共通した動きとなっている。

　他方、「アジェンダ21」については、その後は環境分野と開発分野が統合された世界の共通目標「持続可能な開発目標（SDGs）」を中核とする「持続可能な開発のための2030アジェンダ」に継承されたことは、すでに見てきたとおりである。農業・農村の持続可能性についてはゴール2「飢餓を終わらせ、食料安全保障及び栄養改善を実現し、持続可能な農業を促進する」（外務省仮訳）に集約され組み込まれている。部分的には、ゴール12（持続可能な生産と消費）やゴール3（健康と福祉）、環境分野（ゴール13・14・15）との関わりもあることから、

持続可能性の実現には、農業・農村の役割が大きく関与することは既述したとおりである。

こうした時代潮流を巨視的に見るかぎり、有機農業や持続可能な農業が、農業の生産場面に限定されない環境・社会・文化・政治領域までを含みこんだものとして広義の意味内容が付与されてきた様子が読みとれる。このような意味内容を的確に表現する言葉として、アグロエコロジーへの注目が高まっているのである。それは、途上国のみならずフランスや英国そしてEUレベルでも、農業改革の動きに連動してアグロエコロジーという言葉が登場している最近の動向につながっている。

# 3　温故知新、農業の役割を見直す動き

従来の枠組みに収まりきらない構造的変革を求める動きが、持続可能性を軸として展開しつつある。大きくは、経済・環境・社会の3側面の調和をめざすのが持続可能性の基本なのだが、その内容についてはさまざまに論じられてきた。経済的発展が、環境破壊を生じずに、社会的な問題（貧困・格差など）を生み出さない状況が想定されており、農業分野から産業全般まで、そして社会・経済のあり方そのものが、根底的に問い直されだしているのである。

なかでも持続可能な農業・農村に関しては、農業が内在する諸側面を総合的価値としてとらえる視点が重要になっている。経済・環境・社会の3側面の役割としては，経済価値の創造、健全な生態系の維持、豊かな人間生活と社会・文化の発展、などとして明示されてきた。このような持続可能性という基本的な概念が、これからの農業・農村の維持・発展には欠かすことのできない視点となり、将来の国土形成や社会発展を見通す上できわめて重要になっている。持続可能な農業と農村が、社会発展とも密接に結びついて考えられ始めており、その具体的な展開としてアグロエコロジーに関連づけられて注目されてきたのが昨今の動きである。

農業の持続可能性について歴史的に視野を広げると、すでにふれたF.H.キング著『東アジア四千年の永続農業』やハワード著『農業聖典』が思いおこされる。2つの書籍は、アジアの伝統的農法のなかに永続性（持続性）を維持する仕組

みがある点に着目したものである。同じようにアグロエコロジーの参考事例で、よく引き合いに出されるメキシコの伝統的農法「チナンパ農法」（湖の浮島を菜園利用する農法）などがあるが、まさに伝統的農法に内在している生態的活用の優れた特質から学ぶ点が多いことは、有機農業やアグロエコロジーに共通している。

　こうした歴史的視点から農業の姿をとらえ直そうとする最近の動きに、世界重要農業資産システム（GIAHS、通称は世界農業遺産）がある。これは、2002年にFAOの主導によって創設されたものである。世界農業遺産は、次世代に受け継がれるべき重要な伝統的農業・農法（林業・水産業を含む）や生物多様性、伝統知識、農村文化、農業景観などを全体として認定し、その保全と持続的な活用をめざすものである。現在、世界で21ヵ国58地域、日本では11地域が認定されている（2019年11月現在）。世界農業遺産の動きは、従来の短期的な生産性と経済効率性を重視した農業近代化の動きに対して、環境面や社会面での持続性が失われる事態への反省から、内在する多面的価値を積極的に再評価する取り組みであり、アグロエコロジーとも深く関わる動きである。

　同様の動きとしては、生物多様性条約を軸とした展開がある。生物多様性条約は、実際は保全・利用・利益分配が三位一体になった矛盾含みの条約なのだが、期待としては、自然環境（諸生物）との共存、相互依存と循環を尊重する自然共生社会の構築をめざした動きである。多様性の重視に焦点があたることよって、絶滅危惧種のみならず先住民の権利や伝統文化など、今まで無視され価値がないとされてきたものが、実は非常に重要な価値をもつことを再認識させたのだった。そして多様性の根底には、農業の多面的価値の形成にも通ずるものとして新たなビジネス展開の可能性をも秘められている。

　とくに日本との関わりでは、里山（SATOYAMA）保全と再評価で興味深い取り組みが行なわれている。環境面から、里地里山という人間が歴史・文化的に維持してきた地域のあり方が再評価されており、里地里山保全活用行動計画が策定され（2010年）、生物多様性国家戦略の下で環境省がさまざまな施策を推進している。農業との関わりでは、従来の生産側面だけでなく、多面的機能としての生物多様性保全を評価する動きに連動した政策が行なわれるようになってきた。すなわち、多面的機能支払交付金により、農業・農村が有する多

面的機能を維持・発揮するための支援が行なわれるようになったのである。

　日本においても、農業の役割を大きな視点で見直す動きがおきており、従来の省庁分断的な施策を超えてより統合的な視点で相乗効果を期待する展開が期待されている。それは、アグロエコロジー的な枠組みへの拡大であり、持続可能性を軸とするSDGs関連の政策展開とも呼応する流れである。

## **4　近年の政策展開としての日本の動き**

　ここで日本の政策面での動きとして、有機農業や環境保全型農業に関わる政策動向について簡単にふり返っておこう。とくに日本では、大きな枠組みでは環境面との関わりにおいて農業・農村がもつ多面的機能を再認識する動きが展開してきたのだった。多面的機能については、かつての農業基本法（1961年）が近代化による産業政策的な色彩（工業部門との所得格差是正など）を強く帯びていたのに対し、時代状況の変化をうけて提起されてきたものである。その転換は、1999年に農業基本法が廃止されて農業・農村が有する多面的な役割を意識した食料・農業・農村基本法が制定されたことに象徴的に示されている。

　多面的機能を実現していく具体的な制度としては、2000年に中山間地域等直接支払が、2007年には農地・水・環境保全向上対策（2015年に多面的機能支払に移行）が導入されてきた。これは農業・農村の役割について、市場経済の枠組み（経済価値）だけでは十全に評価されない状況をふまえたもので、農業・農村の持続性を支える仕組みと支援を政策的に実施したものである。その点では、農産物市場自由化と競争政策だけに傾斜せずにデカップリング政策（価格支持から所得補償へ）を展開してきた欧州の農業政策の潮流とも共通性をもつ動きとしてとらえられる。

　一連の歴史的な政策は、図Ⅱ－7に示されているとおりだが、持続可能な農業が広範囲の効果を視野に入れた動きとして展開する流れにあることがわかる。言葉としては意識されなくとも、こうした動向はアグロエコロジー的展開が日本においても進行していると見てよいだろう。実際、農林水産省生産局では「環境保全型農業センスアップ戦略研究会〜アグロエコロジーな社会をデザインする〜」が、2014年12月から2015年2月にかけて4回の会合が行なわれており、

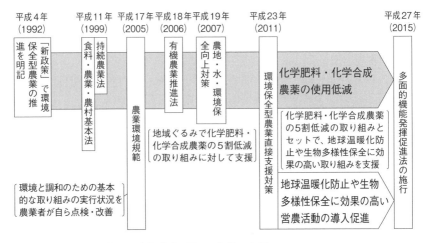

図Ⅱ-7　環境保全型農業・有機農業に関する施策の変遷
（出所：「環境保全型農業センスアップ戦略研究会～アグロエコロジーな社会をデザインする～」第1回
〈2014年12月15日〉資料を参考に、一部改変して作成）

多様な取り組みの総合的な展開への期待が語られている。

　時代はまさに転換期に位置しており、従来の枠組みを超える政策展開が期待されている。くり返しになるが、アグロエコロジーという言葉に込められた意味内容は、こうした時代状況を映しだしていると考えられる。その展開については、日本でも多様な試み（過去の蓄積を含む）や実践例があることから、アグロエコロジー先進国の一翼を担う存在として今後は積極的に看板を掲げてもよいのではなかろうか。[2]

　現在、国連が提示したSDGsに象徴されるように、世界の諸分野で産業形成から経済発展のあり方まで、現状への批判的再構築を模索する動きが胎動しつつある。その意味では、アグロエコロジーもその一翼を担った動きと言ってよかろう。この点に関しては、時代的転機をパラダイム（世界枠組み）の視点から論じることがきわめて重要である点を再度強調しておきたい。[3]

**注**

1)　FAOのアグロエコロジーの情報サイト：http://www.fao.org/agroecology/en/
　　　アグロエコロジー国際会議・報告書：http://www.fao.org/about/meetings/afns/en/

2）国内のアグロエコロジー関連の会合、記録サイト：
　　・日本アグロエコロジー会議〔第1回勉強会〕（動画記録）2015年2月11日：http://
　　　www.blog-headline.jp/agriability/2015/02/post_259.html
　　・アグロエコロジー・ワークショップ　北米とラテンアメリカにおけるアグロエコロジー、
　　　日本との比較検証、2016年5月21日：http://www.chikyu.ac.jp/publicity/events/
　　　etc/2016/0521-22.html
　　・日本版アグロエコロジーTOKYOフォーラム（動画記録）2016年11月20日：
　　　http://www.blog-headline.jp/agriability/2016/11/post_302.html
　　・みんなで考えよう! SDGs時代の持続可能な農と食（第2回日本版アグロエコロジー
　　　東京フォーラム、動画記録）2018年12月2日：http://www.blog-headline.jp/
　　　agriability/
3）第Ⅱ部［6］は、以下の論考をもとに大幅修正してまとめている。
　　古沢広祐「エコロジーと農業がむすぶアグロエコロジー」農業と経済、2019年3月

## 参考文献

小規模経済プロジェクト『アグロエコロジー　基本概念・原則および実践』総合地球環境
　　学研究所「小規模経済プロジェクト」2017年
澤登早苗・小松﨑将一編著、日本有機農業学会監修『有機農業大全——持続可能な農
　　の技術と思想』コモンズ、2019年
祖田修『農学原論』岩波書店、2000年
矢口芳生『持続可能な社会論』農林統計出版、2018年
吉田太郎『地球を救う新世紀農業　アグロエコロジー計画』ちくま新書、2010年

# ［7］

# 持続可能なエネルギーの実現を
# めざす地域と市民自治社会

## 1　エネルギーをめぐる時代的な転換

　第Ⅱ部の締めくくりとして、あらゆる活動の源であるエネルギーのあり方について見ていくことにしたい。持続可能な社会の形成のためには、再生可能エネルギーシステムの構築が必須不可欠だからである。

　3.11東日本大震災と原発事故を契機にして、生活、経済、社会の土台を支えるエネルギー問題にどう向き合うか、私たちは切実な問題として認識するようになった。すでに欧州のなかでは、北欧やドイツなどではエネルギーを市民や地域住民の手に取り戻すエネルギー市民革命とでも呼ぶべき動きが進行している。この静かに進むエネルギー市民革命の波が、私たちの日本ではどのように動き出すだろうか。以下、地域で市民がエネルギー転換に取り組む意義について考えていこう。

　私たちは、時代の大きな転換期に生きている。すでに全体状況については、これまでもふれてきたが、大きく集約すると2つの側面において考えるとわかりやすい。すなわち物質・エネルギー利用という人類の資源利用の基盤的部分での変化（自然的基盤）と、それにともなう価値観や生活様式など人々の暮らし方としての社会・文化的な変化（社会的基盤）として、2側面を認識することが重要である。そこで問題になるのが、21世紀の人類社会のあり方をめぐって、従来型の無限拡大、成長を追求する歩みを進めていくのか、環境や資源の限界を前提とした社会経済的な大転換に舵をきるのかの選択である。そうした揺らぎや転換については、すでに食や農の分野でパラダイムやレジーム形成として

見てきたわけだが、より切実に具体的に立ち現われているのがエネルギー分野である。

　近年の人類の発展の歩みとしては、基盤的な部分では、とくに産業革命以降に発展をとげてきた化石燃料などの埋蔵資源を大量消費（廃棄）して成り立つ高度産業社会の形成があった。社会組織の編制としては、巨大都市形成と交通や市場を介して形づくられる商品経済社会が発展してきたのだった。従来の流れとしては、人々の意識や価値観は、物質的な豊かさと便利さがめざされ、「より早く、より強く、より多く」といったいわゆる成長・拡大志向が、発展の原動力として後押しをしてきたのだった。

　しかし、直面しつつある事態としては、無限の繁栄と成長・拡大という楽観的なシナリオが破綻し始めており、それにつれて人々の意識も物質的な豊かさから精神的な豊かさへ、量的なものから質的なものへの転換の兆候が生じ始めているかにみえる。とくに日本では、3.11を契機に、近代文明が築き上げてきた構築物や便利さには、思いがけず隠れていた脆弱さや落とし穴があることに、私たちは気づかされた。そして、個人主義的な目先の物的豊かさの追求より、絆や人間関係というコミュニティに内在する関係性の豊かさに目を向ける動きが顕在化したのであった。

　世界に目を転じると、20世紀末の1992年、地球サミット以後、人類社会の発展のあり方に根本的な転換が迫られてきた。その点を再度強調すると、気候変動枠組み条約によって化石燃料などの埋蔵資源を大量消費し温室効果ガスなどを大量排出する「使い捨て廃棄社会システム」は転換を余儀なくされつつある。生物多様性条約によって、生物種（遺伝子資源）の多様性や生態系のバランスを破壊する行為に対する歯止めとして、「循環型の共生社会システム」の形成が促されてきたのである。実際には、気候変動をどう回避するか、生物多様性の保全と永続的利用をどう可能にするかで、2つの条約の中身や具体策については問題と課題を多く含んでいるのだが、条約がもつ人類社会の文明転換的な意味は非常に大きいと思われる。

## 2　エネルギー問題と持続可能性（サステナビリティ）

　ふり返ってみると、日々の生活や産業を支えるエネルギーについては、蛇口をひねれば出てくる水のごとく、あたり前に供給されてくる感覚で考えがちであった。電気料金を払いつつ、停電など不測の事態がおきない限り、天から与えられてくるような感覚にどっぷりとつかっていたと言ってよかろう。

　さまざまな商品が産みだされてくる背景には、原材料の確保から加工・流通・販売の網の目（サプライチェーン）があるのと同様に、実はエネルギーそれ自体もまた、社会の在り様を映しだしているものだったのである。まさしく「東京電力福島第一原子力発電所」の事故で明らかになったように、それは現代社会の頂点にそびえ立つ東京を中心とする一極集中構造が生みだす差別性（豊かさの周辺に従属化やリスクが押しつけられる現代的リスク社会の構造）が白日の下にさらされたのだった。

　エネルギーが、どのように産みだされ、供給されて利用されているのかは、私たちの存在様式そのものを映しだしている。実際、それは見えないかたちで巨大に造り上げられた社会的構造物であり、かつ政治的構造物の産物だったのである。原発事故の教訓を真剣に受けとめるには、安全神話に包みこまれていた社会的・政治的構造物の成り立ち方を問い直し、問題点を明らかにして対応策を考えなければならない。それなしに、単に個別の安全策を労して旧来の大量生産・消費・廃棄を前提にした経済成長と便利さの拡大路線を歩むことは、諸矛盾とさらなる巨大リスクを招き寄せるだけである。

　人間世界とそれをとりまく現代的状況を、あらためて問い直す根源的な視点が必要なのである。その点に関して、環境問題のみならず今日の世界の矛盾すべてを引き受けた処方箋として、「持続可能な発展」（Sustainable Development）や「持続可能性」（Sustainability）というキーワードが、1992年の地球サミットを契機に世界的に普及してきた。この言葉を定着させた『Our Common Future』（1987年、邦訳『地球の未来を守るために』）の定義では、「将来の世代がその欲求を満たす能力を損うことなく現在の世代の欲求を満たす開発」とその概念を説明している。こうした概念が生まれた背景についてはすでに第Ⅰ部でふれたが、よりわかりやすく具体的に説明するならば、以下のようになる。

　産業革命を境に人類の活動は、人口増加、エネルギー消費量、情報量、交通量などどれを取りあげても飛躍的な成長をとげてきた。なかでも20世紀以降の成長ぶりはめざましく、この傾向が将来的に続けば、環境問題の深刻化、生物多様性の崩壊（種の絶滅）、資源枯渇などどの面をとっても破局的な状況に直面せざるをえない。まさにこの20世紀文明パラダイム（発展枠組み）が重大な岐路に立たされているのである。これまでの発展パターンの第1の特徴は、あたかも無限成長するかのような加速度的な成長・拡大傾向である。第2の特徴は、そうした成長・拡大が人類社会に平等にいきわたって進んだのではなく、局所的な偏在傾向をもって進行してきた点である。それは、富と経済力の偏在傾向に典型的に示されており、世界人口の2割にすぎない先進工業国が全体の資源・エネルギーの8割近くを独占的に消費する状況に象徴されている。経済的豊かさが地球規模で一種の階級的社会を形成してきたのであった。

　20世紀末から21世紀にかけて浮上した持続可能性の問いかけとは、従来の発展パターンの特徴である第1の無限拡大型の成長パターンが、資源や環境の限界性に直面しだしたこと、第2の格差と不平等の増大が社会的な矛盾や軋轢として顕在化しだしたことへの対応から生じたと考えられる。さらにつけ加えるならば第3に、単一価値（貨幣価値）化による多様性の軽視への反省が生じてきたことである。つまり持続可能な発展とは、経済の発展のあり方を3つの調整軸によって軌道修正すること、すなわち無限拡大型の成長パターンから脱却して「環境的適正」をめざすとともに、格差と不平等を生まないような「社会的公正」の実現をめざすということ、そして多様な価値を評価する「多様性の尊重」を実現することとして、まとめることができる。

# 3　持続可能な資源・エネルギーの利用

　成長・拡大パターンからの脱却について、無限の成長への問いかけ、脱成長論の発端とも言える代表的主張にローマ・クラブが発表した『成長の限界』（1973年）についてはすでにふれた。

　こうした環境決定論的な論拠のみならず、人間疎外論的な視点からの脱成長論的な考え方もすでに見てきたとおりである。そうした動きは、社会的な市民

自治の重視や人間的な生活や社会を営むための適正規模論として、その後の欧州での地域自治やエコロジー運動などに引き継がれてきたのだった。

　より具体的な問題提起として環境面での持続可能性に関しては、基本となる概念整理として、ハーマン・デイリー（エコロジー経済学、Ecological Economics）らが提起して以下のように集約される3つの基本的条件が重要である。

　　・「枯渇性資源は、資源消費をできる限り再生可能資源に代替する」
　　・「再生可能資源は、消費量を再生可能資源の再生量の範囲内におさめる」
　　・「環境汚染物質は、排出量を抑え、分解・吸収・再生の範囲内に最小化・無
　　　害化する」

　上記の3点に集約される考え方（3原則）は、適正な資源利用と環境共生を可能とする永続性の確立という点で重要な考え方である。危機的事態を回避して環境面での持続可能性を実現するため、「持続可能性3原則」の基本的条件が満たされれば、再生可能な系（システム）として永続性は確保される。だが、それを実際に実現させることはたやすいことではない。より具体的に政策段階に踏み込んでいく際には、枯渇性資源（石炭・石油など地質学的な悠久の時が産み出した資源、ウランを含む）を無規制に使うことは許されるべきではなく、その利用には永続性や公平性に配慮した規制や誘導政策（課税制度など）を組み込む必要がある。石油などのような自然界の長年の蓄積過程によって集積されたエネルギーの塊（ストック）の利用については、その価値形成コストも無視することは許されない。

　資源・エネルギーの特性に応じて、枯渇性のものや環境負荷がともなうものに対して環境税を整備するなど、3原則にそった適正な区別と価値づけを行なう政策展開（価格の設定や誘導策）が重要なのである。その点では、日本でも2012年から導入された自然エネルギー固定買い取り制度などは、そのための第一歩と考えられる。化石エネルギー（地質学的年月をかけたエネルギー集約体を利用するストック消耗型）に対して自然再生エネルギー（エネルギー密度が低い分散的利用としてのフロー活用型）との違いを考慮した価格設定は、評価すべき誘導策なのである。これからの人類は、持続可能性を基礎とする社会を築くことが求められており、その意味でも原動力部分であるエネルギー供給の

あり方は、当然のことながら自然・再生エネルギーを根幹にすえたものにならなければならない。

それは、エネルギー供給のあり方への調整のみならず、社会経済を支える産業の成り立ち方や社会編成、地域生活のあり方においても、根本的な組み替えにつながるものである。

# 4　エネルギー転換にともなう政策の変革

以上の状況認識をふまえて、現在展開している再生可能エネルギーをめぐる動きについて、より詳細に見ていくことにしよう。化石燃料依存型システムを自然再生エネルギーのシステムへと転換していくことは、いわばストック消費型からフロー活用型に、中央集中型から地域分散型へと大きくシフトすることを意味する。産業革命以前にあったような、自然再生エネルギーを基盤とした社会システムの形成をイメージするとわかりやすい。

産業・社会構造のありかたとしては、第1次産業（農林水産）が土台をなす社会経済の再構築であり、これまでの大規模集中型のエネルギーシステムから適正規模の地域分散ないし地域資源活用型のシステムへと、さまざまな場面で構造転換が促されることになるだろう。電力エネルギーとしては、石油・石炭などの大規模火力発電への依存や原子力発電から脱却して、水力・風力・太陽熱（太陽光）・バイオマスなどの地域のフロー資源を有効活用する方向への転換である。

こうした転換については、量的な問題とともに利用面での質的な問題について考慮する必要がある。まず認識すべき点としては、再生可能エネルギーの賦存量は予想以上に大きいものがあるということである。たとえば日本での潜在的な電力供給可能量は、環境省の「平成22年度再生可能エネルギー導入ポテンシャル調査」によれば現在の年間総発電量の約4倍規模がまかなえるとの予測が出ている。但し、量的な側面以上に課題としては、利用形態など質的な問題を考慮しなければならない。すなわち、従来の大規模集中型の大量生産・大量消費の産業構造や、人々の都市的生活様式を改めていくことが同時並行的に進まないと、その転換は困難だからである。

　たとえば、巨大都市の高層化をはじめとして、グローバルに展開する長距離、大規模、大量輸送を前提とした物流や居住、交通システムについては、よりローカルに適正規模が考慮される近隣の関係性を重視するシステムへと編成し直すことが求められる。とりわけ巨大都市の超高層ビルなどは、環境面や防災面を考慮してかつての規制を再評価して、適正規模化をはかる必要が出てくるだろう。各種の物資をはじめとして、とくに水などを地上から何百メートルも上の階まで汲み上げるようなエネルギー多消費を前提とする構造物にならない工夫が求められる。かつて「ソフト・エネルギーパス」という問題提起がなされたが、過剰な無理を強いる居住・建物構造から低炭素（省エネ）型の分散型の居住様式に変えていくように、都市計画やさまざまな設計概念の転換が求められるのである。

　農業分野でも、これまで化石資源（化学肥料・農薬・大型機械）依存型の展開によって生産性向上を実現してきたが、そのような農業近代化のパターンを変える必要がある。単一栽培（モノカルチャー）型よりも小規模・複合型の有機農業といった土地利用システム（[6]でふれたアグロエコロジー）の普及や、地産地消を推進していく方向性が求められるのである。今後は、環境政策と農業政策を緊密に融合させることや、そこに福祉の充実を組み合わせるなどの方向性、国の仕組みも地方分権に基づく国土利用や産業政策の推進、多極分散型の地域自治までを展望するような総合政策を構想していく必要がある。

　このような転換は、現状においては簡単に軌道修正することは難しいかもしれない。再生エネルギーの導入時でもおきたことだが、目先のコスト問題や効率性などで壁があることから、簡単には進まない状況下にはある。しかし、中長期的には環境負荷とエネルギー・資源価格の上昇が進む事態を考えれば、新たな技術革新を促すような投資や研究開発を進めることが重要であり、長期的な視野から誘導策を実施していくことが必要である。その点に関しては、すでに欧州とりわけデンマークやドイツなどでは、地域レベルと国の政策とが連動して大きな歩みを始めており、以下、具体的な展開状況を見ていこう。

# 5　先駆的な取り組みからの将来展望——世界と日本

　以下では海外の参考事例として、デンマークなど欧州の再生可能エネルギーの取り組み状況についてふれ、国内の参考事例としては、民間の市民セクターの動きや、とくに生協によって取り組まれているエネルギーの産直・共同購入の事例にふれて、市民自治や協同組合の潜在的な可能性について考えてみたい。

　再生可能エネルギーへの取り組みは、欧州とりわけデンマークやドイツが先導的な動きをみせている。欧州連合（EU）全体としては、2020年を第一段階として再生可能エネルギーの比率を2割にする目標を掲げてきた（2009年EU改正指令：2009/28/EC）。それを先導してきたのがデンマークの取り組みであり、政府は2050年には再生可能エネルギー100％を実現するための戦略プランを公表したのだった（2011年12月、Energy Strategy 2050）。具体的に、2020年までに電力の半分を風力でまかない温室効果ガス排出を35％削減（1990年比）、2035年時点では電力と熱供給の大半を再生可能エネルギーでまかなうとともに、最終的に2050年にはすべてのエネルギー（産業、交通）を再生可能なものに置きかえるカーボンフリーの国になるというビジョンの提示である。

　デンマークのエネルギー総消費量に占める再生可能エネルギーの割合は、1980年にわずか3％であったものが、2005年には14.7％、2010年に20.2％へと増えて、この戦略プランの見通しは着実に実現の道を歩んでいる。世界の現実としては、短期的にみると化石燃料（石油・石炭・シェールガスなど）への依存は、まだまだ経済的に低コストが続くのではないかと考える向きもあるが、既述した持続可能性の3原則をふまえるならば、デンマークの野心的なビジョンがいかに時代を先取りしたものであるかがわかる。国の政策、そして国民の意識がこうした未来選択をもたらしている点は、実に興味深い先駆事例である。

　さらに注目したい点として、デンマークの再生可能エネルギー（風力発電）が、地域自治の下で地域管理の協同組合として運営・推進され、協同組合的な取り組みが大きく貢献してきたことである。ヨーロッパを中心に、さまざまな社会セクター（社会的連帯経済）の動きが展開しており地域自治の動きが活発化しているが、とりわけ協同組合やNPOなどの役割が大きく貢献している。エネルギー問題に関して、さまざまな形でシステムを転換しようとする動きがあるのだが、

とくに協同組合・NPOなどの社会的経済セクター（第Ⅲ部で詳述）による地域の資源をローカルな枠組みで組み直していく流れは注目すべき動きである。欧州のなかで先進モデルといわれるデンマークでは、地域における自然再生エネルギーの中心的なリード役として、風力発電を建設して運営する市民エネルギー協同組合がとりわけ重要な役割を担ってきたのであった。

そしてドイツでも、デンマークに続いて自然エネルギーに転換する方向へと大きく舵を切っている。ドイツでのエネルギー大転換は、2050年目標に国内エネルギー需要の60％、電力需要の80％を再生可能エネルギーでまかなおうというものだが、そこでも市民エネルギー協同組合がリード役を期待されている。市民エネルギー協同組合は、ドイツでも2001年の66から2011年に586、2017年に862と急増しており、着実に実績をあげてきたのである。さらにドイツではシュタットベルケという官民連携の事業体が再生エネルギー事業（電力など）に重要な役割をはたしている。この地域分権的な公的民間事業体の役割が見直されており、日本シュタットベルケ・ネットワークも最近設立されている。[1]

次に日本の動きを見ると、2011年の3.11を契機にして大きな方向転換が起きそうな気配をみせている。日本での再生可能エネルギーの取り組みは、遅々として進まなかったのだが、かろうじてリードしてきたのは市民セクターや先駆的自治体での取り組みであった。有名なのが「北海道グリーンファンド」の動きや、長野県の飯田市の「おひさま進歩エネルギー」などの先駆的事例があり、市民・地域主導の市民電力連絡会が設立されている（図Ⅱ－8）。[2]各地で小規模な市民ファンドの動きが広がりつつあるが、組織的な動きとしては生活協同組合の動きが注目される。そのなかでも注目される動きとして、生活クラブ生協が取り組むエネルギー自給圏づくり（共同購入）がある。もともと食の自給拡大をめざす運動の延長線上に、エネルギーを自分たちの手に取り戻そうとする活動が展開されてきたが、東日本大震災と原発事故の発生を契機に、具体的な取り組みが一気に進んだのだった。

生活クラブ生協の首都圏4単協が協力して、生活クラブ風車の建設を秋田県にかほ市（旧仁賀保町）の協力で実現したもので、生協組合員がグリーンファンド秋田に投資して風力発電所を建設し、その電力はPPS（特定規模電気事業者）を通じてグリーン電力証書という手続きを介して、生活クラブの41事業所

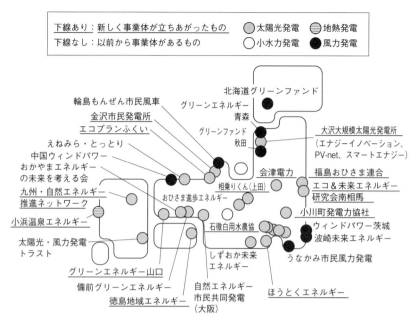

図II-8　全国の市民電力マップ　　　　（出所：市民電力連絡会）

に供給する仕組みを実現したのである。2012年4月から供給をスタートし、事業所の約70％の電力が供給されるようになった。にかほ市とは再生可能エネルギーのみならず、協同組合間提携のさまざまな可能性が模索されており、食の共同購入からエネルギーの共同購入への動きが実現した取り組みの意義は大きい。現在、こうした動きは全国各地の生協でも取り組みが始まっており、今後のさらなる展開が期待される。

　日本の電力供給は、これまで全国9社（沖縄を含めると10社）が独占して大規模集中型の供給体制を敷いてきたのだったが、3.11震災・原発事故を契機に、見直しが進みつつある。電力供給の自由化として、発電、送電、配電においてさまざまな事業者が参入する機会が生まれようとしているわけだが、自治体や協同組合セクターの積極的な参入が大いに期待される。とくに再生可能エネルギーは、過疎化が進む中山間地域などで新たなビジネス機会を生む可能性を秘めており、とりわけ農業協同組合や森林組合などが新事業として取り組むチャ

ンスを提供していると思われる。

　私たちは、社会経済構造あるいは人類の発展パターンそのものを組み直さなければならない時を迎えているが、そのためには従来とは違う発想が求められている。自然資本、生態系、生物多様性をベースにした産業の育成、地域資源を活用するローカルな社会経済の仕組みづくりが期待されている。こうした構造転換は、単にハード面での供給体制づくりだけでなく、人々の生活意識や地域自立、自治の重要性の認識がともなってこそ実現されるものである。持続可能で公正な社会形成の実現のために、食と農と同じくエネルギーにおける自治、地産地消や消費と生産の密接な連携の形成は、新たな社会変革に向かう胎動であり、エネルギー市民革命につながる第一歩となるだろう。

## 注

1)　日本シュタットベルケ・ネットワークが2017年に設立：https://www.jswnw.jp/
　　高田泰「自治体電力はドイツに学べ、日本シュタットベルケ・ネットワークが始動」【エネルギー自由化コラム】でんきと暮らしの知恵袋、2018年4月9日
　　https://enechange.jp/articles/japan-stadtwerke-network
2)　市民電力連絡会：市民・地域主導による再生可能エネルギー発電事業をめざす個人・団体により設立（2014年）、市民電力マップ・台帳を公開
　　https://peoplespowernetwork.jimdofree.com/

## 参考文献

石丸美奈「環境先進国デンマークのエネルギーシステム」『共済総研レポート』JA共済総合研究所、2015年8月

植田和弘・梶山恵司編著『国民のためのエネルギー原論』日本経済新聞社、2011年

小磯明『ドイツのエネルギー協同組合』、同時代社、2015年

近藤かおり「デンマークのエネルギー政策について―風力発電の導入政策を中心に―」『レファレンス』2013年9月

寺林暁良「ドイツにおけるエネルギー協同組合による地域運営―オーデンヴァルト・エネルギー協同組合を事例に―」、『農林金融』、農林中金総合研究所、2018年10月

# 第Ⅲ部

# ビジョン形成と社会経済システムの変革

世界や日本の動向を見てきたが、ここでは再び全体総括的な視点に立ち戻る。あらためて日本社会のあり方、そして世界経済のあり方について、根本的な問題を掘り下げるとともに、新たなビジョンをどう構想したらよいかについて考えたい。

日本の動向、諸外国のなかでの社会的連帯経済の模索状況などをふまえて、世界経済がはらむ危機的状況と克服するための展望、さらには人類社会の未来について、多角的な視点から論じていく。

# [1]

# 人口減少・超高齢社会を
# どう生きるか
## ──みんな幸せな社会の実現とは

## 1　人口爆発の後の世界

### (1) 日本は世界動向の縮図

　第Ⅱ部の[4]でも簡単にふれたが、人類社会という視点から日本を見た場合、いろいろな点で世界動向に関連してまさに縮図的な姿として見ることができる。その視点では、人口の増減という動きにおいても近年の日本社会は、世界動向に先駆けて急激でドラスチックな展開過程にある。以下では、人口の爆発的な増大とピークをとおり過ぎて超高齢化社会へと突入した日本の姿をどのように考えるかについて、人口動態と人々の暮らしに焦点をあてて見ていくことにしたい。

　人口問題は、単なる人口の増減という数量的な数の問題ではなく、社会・経済・環境問題などが複雑にからみ合う構造的ダイナミズムを内に含んでいる。日本が直面しだした人口減少問題については、とくに経済的な諸問題（経済発展や財政・社会保障など）との関連において論じられることが多いが、あらためて総合的視点から展望する必要があるのではなかろうか。人口の増減について、それに付随する影響としては正と負の両側面がある。前世紀以前には「産めよ増やせよ」が奨励された時期があり、その後は逆に人口増が大きく問題視されて、環境問題や資源問題（エネルギー・食料など）への負の側面が注目されたのだった。そして昨今の日本での人口減少については、労働力や社会保障の財源など

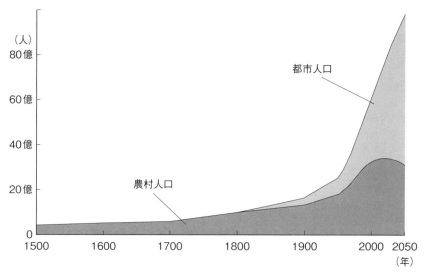

図Ⅲ-1　世界人口の推移と都市・農村人口の割合　　　　（出所：国連資料より作成）

からの負の側面がクローズアップされている。

　人口を論じるにあたって、まずは巨視的な視点から世界動向を見ておこう。近年の世界動向として、人口増加は20世紀半ばにかけて続いた先進工業国での増大が減速ないし停滞期を迎えたのに対して、途上国で人口増加が20世紀後半からより顕著になって進行している状況がある。世界全体としては、人口増加の波が産業発展と都市形成をともないながら波及していく経緯がある。その増大傾向は先進工業諸国で頭打ちを迎える一方で途上国などが後追い的に増加しており、増減バランス上ではしばらくは増大していく状況である。

　増加の内実としては、農山村部の人口数の停滞・減少と裏腹に進む都市部の人口数の爆発的増大であった。人口問題の近代的特徴は、「都市爆発」現象として進行してきたことである（図Ⅲ-1）。現状は、先進諸国の都市人口は全体的には停滞ないし縮減の兆しにあるのに対して、世界の巨大都市は大半を途上国の都市が占めるようになってきた状況がある。

　人口問題を見る視点としては、さまざまな側面から論じることができる。考慮すべき視点としては、近代化政策や都市・農村政策、産業構造や経済発展のあり方、消費形態とライフスタイル、女性の社会的地位、人権の確立、社会保障、

教育・福祉制度などがある。こうした複雑に絡み合った複合的構造問題として認識し、総合的に事態をとらえることが重要である。ここでは、基本的なとらえ方を整理しながら、とくに生活実態、都市・農村、開発問題の視点から人口動向を見ていくことにしたい。

## （2）人口問題への3つの視点——開発・発展がもたらす人口増減

　人口問題の全体像を認識するにあたり、ここでは基本的視点を3点ほどに整理しておこう。

　第1の視点とは、従来から多くみられる人口問題を「数量的な問題」としてとらえる視点である。そこでは数量的増減ばかりを問題視して「質的な問題」への認識を欠く傾向がともないがちである。すなわち、人口問題をたぶんに人間の数の増減現象とだけとらえて、数の増減への対処方法が議論されやすいのである。数量的問題としてとらえ、増やすか減らすかを論じるわけだが、それは人口政策としての「産めよ増やせよ」や「産児制限」（家族計画・避妊など）といった操作的対処方法に陥りやすい。

　世界的な人口動態としては、途上国などの農村社会での高い出生率という傾向がある。だが、それは高い乳幼児死亡率への対処という側面や、社会制度的には土地所有と結びついた家制度が社会的勢力の拡大をはかるために子供をたくさん産ませる圧力となった側面などを見落とすことはできない。先進諸国の場合には、産業政策、都市化と就業形態やライフスタイルの変化が人口動態に大きな影響を与えてきた。人口数の増減に関しては、その要因分析について多数の研究が繰り広げられてきた。

　第2の視点は、第1の視点のような上からの数量的なコントロールという「他者管理」的視点に立つのではなく、下からの生活者ないしは家庭・地域・コミュニティ・仕事・労働を担う立場からの「自律・自治」的視点を重視する立場である。量的視点ではなく質的視点と言ってもよいだろう。

　これまで人口問題は、上からの国家政策それも産業政策や軍事的側面を色濃くもった管理・統制的なあつかわれ方が多かった。それに対して、あくまでも人間の尊厳や人権を前提に、男女差別などの抑圧構造からの解放や基本的生存権ならびに社会的参加が保証された主体的な選択、日常的な家族や家庭（個人

を含む）の存続として、いわば下から状況を見ていく視点である。数ありきではなく、環境や社会が安定的に保たれて人間が暮らしやすくなる状態、その結果として人口数や家族数などとして現われる状況を重視する考え方である。すなわち、"産ませる性"とりわけ男性側や国家主義的発想に立つのではなく、"産まれ育む性"として男女両性の立場から子供とともに育つ人間生活を重視する視点と言ってもよい。

　非工業国（途上国）に見られる高い出生率の下での人口増大問題も、先進工業国に見られる低い出生率の下での人口減少問題も、その根っこには社会的圧力や抑圧構造が働いている結果の現われとも言える。人口の数を問題にするのではなく、基本的には安心して生活を営める条件整備とともに、生活を老若男女が対等に築き合える社会関係の実現に重きを置く生活者的な視点である。

　第3の視点は、人口の増減や移動については、社会経済的な影響が及ぼす結果として生じるという認識を重視する立場である。たとえば"工業重視・都市中心的な開発思想"に立つのか、"農村重視・地域自立型の開発思想"に立つのかにより生じる違いに着目した見方と言ってもよい。あるいは、従来どおりの経済発展、成長一辺倒の政策で「人口問題」に対応していくのではなく、"経済至上主義"が生み出す「もう一つの人口問題」（経済難民の創出）に目を向けようとする立場でもあり考え方である。

　たとえば、経済的富の拡大を最優先した発想が、商品経済重視ないしは工業化・産業偏重の政策を押し進めてきた。それを助長したのが市場競争による自由貿易拡大主義であった。そうした圧力が、途上国において換金作物の輸出優先を助長して、かつては自給力を保持してきた地域社会が崩壊することで、貧困や飢餓問題を誘発させ、都市への人口移動、スラムの拡大、都市と農村の格差から南北間の格差まで、そして貧困国から富裕国への移民問題など巨大な不均衡を促進してきた構造問題としてとらえる。その視点からは、都市と農村との均衡（地域自立）に配慮する政策や、富や資源の世界的・地域的な再配分のシステムを構築することにより、人口動態の不均衡問題に対処すべきといった考え方が生まれる。

　言いかえれば、開発と発展の矛盾が人口問題において集約的・結果的に現われてくるという見方である。それは、単なる人口問題ではなく、失業の増大、

国内及び国際間で増加する出稼ぎや移民の増大、さらに経済難民の発生などといったもう一つの人口問題をも含み込んだ問題認識である。地域間・国際間での経済格差の矛盾、さらに農村・農業地域の衰退の反面で都市問題が深刻化する事態に対して、経済政策以上に優先すべき社会政策こそが人口問題を考える際に重要だとする考え方である。

　まとめると、第1の視点は対症療法的な見方、第2の視点は生活者ないし社会の内側からの見方、第3の視点は第1・第2両方の視点を含み込みつつ根本要因ないし発展様式自体を問う見方と言ってよかろう。

　第Ⅲ部[1]では、基本的には第2と第3の視点を中心において論点を深めていくことにする。

# 2　いま日本社会は、何が問題なのか

## （1）人口減少下でおきていること

　以下では、より身近な日本の現状について、第1の視点を援用しながら第2の生活者的な視点から状況を再確認しておこう。私たちは、この日本でモノがあふれる豊かな時代を生きており、世界中から食料がとどき、資源・物品などが大量に供給されて、繁華街のショッピングセンターには豪華な商品があふれかえっている。電気、水が不断に供給され、交通網も整備されて、国内旅行のみならず年間1,700万人近い人々が海外旅行を楽しんでいる。

　人口の動きとして見ると、旅行で出国する日本人数は2000年以降あまり増減がないのに対して、訪日外国人客数は、2000年に500万人弱だったものが2018年には3,119万人と6倍以上に急増している。そのような出入り状況のなかで、国内人口数は減少局面に入った。そして、少子高齢化時代を迎えるなかでのいわゆる「超高齢社会」を出現させており、世界的にも長寿大国となっている。100歳以上の人口は49年連続増で約7万人（7万1,274人、厚生労働省2019年9月15日時点の住民基本台帳）となり、毎年数千人規模で増加している。100歳人口の調査が始まった1963年には153人だったが、1981年に1,000人を突破、1998年に1万人をこえ、2012年に3万人をこえて、この5年間で倍以上の増加

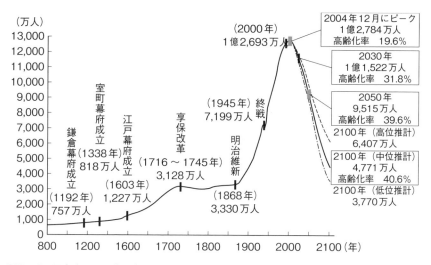

図III－2　日本人口の長期展望
（出所：国土交通省国土審議会政策部会長期展望委員会「国土の長期展望」中間とりまとめ、2011年　http://www.mlit.go.jp/common/000135838.pdf）

を見せており、世界に類を見ない速さで超高齢社会を迎えている。他方、日本の出生数と子供の数（15歳以下）は減少し続けており、総人口数は2000年代初頭をピークに減少しだしている。日本の人口数の推移と将来予想を、図III－2に示しておく。

　子供の数が減少するなかで気になるのが、日本の子供の相対的貧困率の高さで、1990年代半ば頃から上昇を続けており、16.3％（2012年）に達した。6人に1人の子供が貧困に苦しんでいるということである。そして、子供の貧困とは実際には親の貧困状況を反映したものである。表向きの豊かさの繁栄ぶりの一方で、社会的な亀裂とくに将来を担う若い世代に困難さが生じている現状は深刻に受けとめる必要がある。こうした状況は、以下に詳しくふれていくが、SDGsでは貧困（ゴール1）や格差（ゴール10）に関連した基本項目であることから、政策課題として最上位に位置づけてしかるべき事柄である。

　日本社会のパラドックスとして、経済的には発展してきているのに、みんなが幸せになれない状況が子供の貧困に象徴的に現われている。それどころか、生きにくさが増えている状況が、たとえば「いじめ問題」としても出現している。

若年層での自死数を見ても全体的な減少傾向のなかで、年間300人前後の推移として高止まり傾向にある。とくに注目されるのが小中高でのいじめ発生件数であり、2018年度に全国の小中高校で認知されたいじめ件数は、前年度比で約13万件増の54万3,933件となり、過去最高の深刻さとして話題となった（文部科学省調査、2019年9月発表）。文科省は社会的な関心の高まりや初期段階の認知が進んだことが反映しているとの見方をしている。

## （2）豊かな社会の不安と軋轢

　いじめ問題は、その背景が複雑化しているものの社会的な不安や軋轢などの現われと見ることができるのではなかろうか。子供たちに限らず、いじめ的な事態が大人の世界でも深刻化している状況が数字的に示されている。その関連としては、とくに過労死の問題がある。過労死問題が話題となった背後には、職場での不安定化とストレス状況の増大が関係していることが推測される。政府が初めて出した『過労死白書』（「過労死等防止対策白書」、2016年）では、職場での問題が年々深刻化している様子が示されており、なかでも労働紛争として、とくにいじめや嫌がらせについての相談件数は、図Ⅲ－3のとおり、一貫して上昇してきている様子がわかる。職場でのストレス状況は、業務上での精神障がいの増加にも現われており、同白書で、精神障がいに関わる労働災害の申請件数が年々上昇を続けているデータが示されている。直接的な関係性があるかは不明だが、子供の世界のいじめ問題は大人の世界の状況がある程度は反映している側面があるのではなかろうか。

　ジェンダー問題に関しては、SDGsのゴール5でクローズアップされており、日本社会の歪みがとくに目立つ課題である。2019年「ジェンダー・ギャップ指数」（世界経済フォーラム発表）では、日本は調査対象153ヵ国の121位となり、2018年の110位から大幅に後退している。とくに政治分野が低く（144位）、経済分野（115位）でも男女の賃金格差がめだち、教育分野でも高等教育での格差が大きい。話題となった医学部での女子入学差別（排除）などは象徴的出来事である。前述の子供の貧困問題とのからみでは、母子家庭における苦境がとくに目立っていることも大人の世界の反映と見てよかろう。

　いずれにしても、日本社会の現状を時代変化のなかでとらえると、時代状況

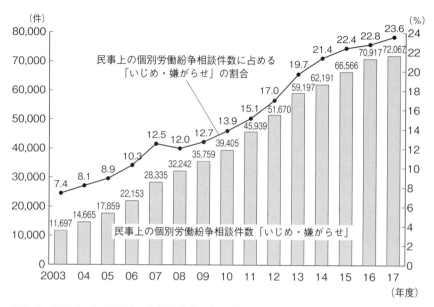

図III−3　民事上の個別労働紛争相談件数に占める「いじめ・嫌がらせ」の割合及び相談件数
（資料：厚生労働省「個別労働紛争解決制度施行状況」）
（出所：厚生労働省『平成30年版過労死等防止対策白書』p.23。https://www.mhlw.go.jp/
wp/hakusyo/karoushi/18/dl/18-1-2.pdf）

は大きく様変わりしており、全体的な豊かさの背後で社会的不安状況が徐々に拡大してきている様子が読みとれる。いわば人口の減少傾向の根底には、生活不安や雇用・職場状況の悪化問題が横たわっており、男女格差問題、とくに若年層の人々が安心して暮らせる社会ではなくなってきている事態があると思われる。こうした生活実態や生きにくさが、人口動態に大きく影響していると考えられるのである。

　人口の減少や少子高齢化のみならず心配されているのが、過疎化と大都市への人口集中という格差拡大がある。とくに深刻なのが地方での急速な人口減少と高齢化である。「消滅可能性都市」というショッキングな内容の報告が、2014年に日本創成会議（民間研究機関）から発表されたが、各地の地方自治体では危機感を背景にさまざまな対応策が模索され始めている。この問題に関しても奥が深い構造的な背景を見ておく視点が欠かせない。その背景には、世界的に

経済発展の拠点としての都市間競争が激化している状況がある。グローバル都市として浮上をめざす国際都市「東京」を押し上げようとする開発競争の圧力が存在しているのである。日本という国のあり方として、とくに地方都市や地域社会もまた、この世界的な生き残り競争の構造下において再編を余儀なくされているのである（国内・国際の玉突き現象のような関係は、第Ⅰ部［3］の図Ⅰ－12、51頁を参照のこと）。

　他方では、国家財政をめぐる矛盾の拡大状況についても注意する必要がる。国の財政赤字は、先進諸国のなかでは最悪状況となり、国と地方の合計の借金（長期債務残高）は約1,100兆円余りと日本のGDP（国内総生産）の2倍もの規模に膨らんでいる（2018年末）。毎年約10兆円規模の赤字（プライマリーバランス上）を積み上げている状況は、いわば年収入の倍規模の借金を膨張させながら借入を拡大している状況にあることを意味している。この借金拡大について、家計の金融資産（貯蓄）は約1,800兆円規模なので、政府債務は国内貯蓄でまかなえるので心配ないとする主張もある。この点は、国内状況や経済システムをどうとらえるかで議論が分かれるところであるが、借金拡大経営の状態での延命を楽観視することはできない（詳細は第Ⅲ部［2］）。

　以上、人口動向を軸にして全体状況を見た上で、そのなかで個別の生活面での深刻な事態が複雑に進行している点に注目してきた。個別の諸問題は、それのみ取りあげるだけでは多様な解釈となってしまい、問題の本質を見失いがちとなる。まずは全体像をとらえることで基本的特徴を見出して、そのなかで個々の諸問題の象徴的事象について関係を見ていく視点を重視したい。いずれにせよ、歴史上まれにみる長寿社会を実現しながらも、世界最速の超高齢化と少子化問題、生活や労働不安、地域の衰退、財政赤字、ジェンダー不平等など多数の問題状況を抱えているのが今の日本社会なのである。

　冒頭で述べたように、いわば世界が取り組むべき社会問題を凝集させている先進国として、日本は世界の最先端にあると言ってよい。くり返しになるが、日本は世界の長い歴史上で急速な近代化と経済規模の拡大をとげるとともに、人口動態でも急膨張期から縮小期にはいった国となった。世界史的な歩みをまさに凝縮して体現しており、世界のミニチュアとしての社会実験場であること、日本の動向こそは人類社会の未来を示唆する性格をもつ点を自覚しながら後半

の論考を進めていこう。困難な事態への直視とともに、向き合い方としては多少ともポジティブな積極面を取りだして、持続可能な社会の展望（ビジョン）につながる道筋を見出していくことにしたい。

# 3 強者の時代から弱者の時代へ——もう一つの社会展望

国連の2030年に向けた新目標（SDGs）のスローガン「誰も置き去りにしない」が示すように、社会的に弱い立場の人々が排除されない仕組みづくりこそが、持続可能な社会への道である。すなわち、従来は排除されがちであった各種障がいをかかえる人々が、多様な個性の一人であるとの認識を出発点に置くことこそが人口の増減以上に重要なことではなかろうか。みんなが幸せに活き活きと暮らせる社会、そうしたあり方を互いに認め合い、築き合う社会の形成である。言いかえれば、誰もが生きがいをもって暮らして働ける職場や企業の姿こそが、これからの日本社会の基盤でありめざすべき方向だということである。

日本の未来の姿としては、がむしゃらに背伸びするのではなく、高齢者や多種多様な人々が暮らしやすい成熟社会を実現するためのパラダイムチェンジが求められている。現在の日本社会は、理想とは真逆の泥沼状態にあると言ってよい。いまだ古いパラダイム（競争・成長重視）に呪縛されており、そのような考え方の延長線上でしか物事を見ない、矛盾や問題を直視せずに、隠したり粉飾することが各界で横行している状況が多数現われている。

具体的には、近年になり続発してきた一流企業の品質・検査データの改ざん問題があり、そして不正融資問題をはじめとして、労働現場での過労死やパワハラ問題などにおいて深刻な事態がある。いじめ問題でも指摘したが、懸念されるデータとしては、仕事が原因で精神疾患となった労災認定への申請者数が過去最多の1820件となったことである（厚生労働省、2019年6月30日発表）。まさに諸問題の拡大が、とりわけ弱者に多くしわ寄せされており、矛盾が集中して現われていると言えるだろう。

さらに懸念される事態として、隠しや虚偽などが、政治の場面や行政において公文書の改ざんや廃棄などとして多発している現象がある。まさに続発とも言うべき異常事態である。問題を挙げればきりがないのだが、ここでは弱者へ

の配慮問題として話題となった障がい者雇用の水増し問題が広範囲で発覚したことに注目したい。これにはSDGsがもてはやされる昨今の状況にも通じる点がありそうだからである。その根底には、どうも数値目標だけが独り歩きして実体がともなわない、そして内実がなくても表面上だけが装われる社会的風潮があるように見うけられる。表向き（建前）と本音（内実）の乖離という象徴的な現象が多数生じているである。

　障がい者雇用の水増し問題とは、社会的に弱い立場への無配慮の実態があって、そのとりつくろいとして出現した典型事例である。障がい者をめぐる問題としては雇用水増しに限らず、露骨な差別も近年露呈している。その象徴的出来事としておきたのが、悲惨な相模原障がい者殺傷事件（45人を殺傷、2016年）であった。それは、日本社会の根底に他者への配慮を喪失した自己防衛意識、その裏返しとしての排他性、根深い差別意識が深部で渦巻いていることを想起させる事件であった。それは、学校でのいじめ事件の増加、パワハラ問題、ヘイトスピーチ問題にも通じる傾向として広範に認められる事象の現われの一端ではなかろうか。

　障がい者雇用の水増し問題の社会的背景としては、第Ⅰ部でSDGsをめぐる動きでふれた動向がある。障がい者権利条約（2008年発効）が成立し、人権配慮の流れを受けて、日本でも障がい者差別解消法ができたのだった（2016年施行）。そして、関係法制の整備から障がい者雇用の義務が強化された経緯があったのである。その流れのなかで障がい者雇用納付金制度の改正があり（2018年4月）、一般事業主は雇用労働数100人を超える企業では障がい者雇用率を2.2％と定めたのだった。それを満たせない場合、不足分の障がい者数1人につき月額4万～5万円の納付を義務づけて（ペナルティー）、2.2％を超える障がい者雇用に対しては、1人当たり月額2万7,000円が企業に支給され優遇されることになった。国や地方公共団体での障がい者雇用率は、2.5％と定めていたが、中央省庁では半分以上の数値水増しが行なわれており、しかもペナルティーがない状態であった。人権をめぐっての国際的な枠組みが進展する動きに歩調を合わせるべく、形式的な制度設計をしたことのほころびが露呈した出来事と言ってよいだろう。

　しかし、方向性としては障がい者雇用の拡大と充実の取り組みは、必須不可

欠な対応であり日本社会が今後、全力をあげて取り組むべき課題だと思われる。最近の厚生労働省の推計では、体や心などに障がいがある人の数は年々増加しており全人口に占める割合は約7.4%（5年前より2割増）となっている（2018年4月公表）。高齢者での増加数が顕著なのだが、若年層でも増えている状況である。ここでより視点を広げるならば、超高齢社会を迎えた日本社会は、将来的に心身に不自由さを抱える人々が増大する時代にある。その意味では、障がい者が暮らしやすい地域、働きやすい場所と環境づくりは、政策的に最優先課題の一つとして位置づけられるべきものである。現在でもおよそ1割近い人たちが障がいを抱えており、そうした人々を社会の側が排除しない環境や仕事場づくりが求められているのである。

　ここで気になるのが諸外国での動きで、とくに雇用における社会的配慮については、多様な努力と制度形成が欧州を中心に先駆的に進められてきた。そこでは、競争経済や経済成長主義とは一線を画して、社会全体として相互扶助的な仕組み（利他的意識）を企業や事業体において実現する動きが進んでいる。社会的な相互扶助領域を、従来の市場競争的な経済領域とは一線を画して一定の条件を付して育成していく方向が、中央と地方の政策展開として進んでおり、以下に詳しく見ていきたい。

# 4　ソーシャルファーム、社会的企業・協同組合、農福連携

　注目したい動きの一つに、欧州のソーシャルファームの動向がある。それは1970年代にイタリアで生まれ、障がい者や労働市場で不利な立場にある人々（ホームレス、シングルマザー、元薬物中毒者、刑余者等）に働く場（社会的事業体：Social Firm）を提供する取り組みで、欧州全域で多様な展開を見せている。法制度としては、イタリア（1991年制定）、ギリシャ（1999年）、ドイツ（2000年）、リトアニアとフィンランド（2004年）、ポーランド（2006年）と続いて整備されてきた。[1]

　同様の取り組みとしては、英国では社会的企業、NPO、協同組合、コミュニティ企業などの育成をはかる仕組みが展開しており、似た動きは欧州の各国で独自

に展開されている。米国においても非営利セクター（NPO）としての取り組みが、各州レベルで多様な展開を見せている。近隣諸国としては、すでにお隣の韓国では社会的起業育成法ができ（2006年）、日本のような個別的な協同組合法を総括した協同組合基本法の制定が行なわれている（2012年）。

　大まかに見ると、イタリア型では比較的手厚い政府支援の下で展開しているのに対して、英国型や米国では事業収益を含む各種ビジネス的展開が重視されており、韓国においては折衷型の動きととらえることができる。いずれの場合も、事業展開については各団体の取り組み経験の共有化とその仕組みづくり、さらに資金支援など中間サポート団体による協力や下支え体制が重要な働きをしている。個別の取り組みとともに、バックアップ体制として政策的後押しが大きな役割をはたしているのである。

　実は日本においても、民間レベルでの取り組みは行なわれており、2008年にソーシャルファームジャパンという団体が発足しているのだが、制度的な支援体制は不十分な状況におかれている。日本での取り組みについては、諸外国に劣らない実践例が少しずつ蓄積されており、たとえば「共働学舎」（北海道新得町）、「エコミラ江東」（東京都江東区）、「ハートinハートなんぐん市場」（愛媛県愛南町）などといった好事例を、ソーシャルファームジャパンが紹介している。それ以外にも、あまり注目されていないが、日本においては行政など公的セクターや民間企業セクターと一線を画した協同組合・NPOなどの非営利セクターの取り組みがある。

　近年の取り組み展開としては、協同組合セクターの新しい動きとして、ワーカーズコープやワーカーズコレクティブ（協同労働による協同組合）、共同連（差別とたたかう共同体全国連合）などの動きがある。最近は、農協とNPO団体などが協力し合う農福連携の取り組みなども活発化している。とくに農業と福祉が結びついて障がい者の働き場を広げる動きは、SDGsの「誰も置き去りにしない」の理念と親和性が強く、農福連携に弾みをつけている。

　農福連携は、障がい者雇用のみならず多様な連携により地域再生・活性化にもつながることから、持続可能な共生社会の構築にマッチするとして「ノウフクフォーラム2019　農福連携×SDGs」が日本農福連携協会の主催で開催されている（2019年9月）。[2] 国の制度としても、「障がい者が生産工程に携わった食

品」として新たな農林規格（JAS）「ノウフクJAS」が制定されたのだった（2019年3月）。海外での興味深い動きとしては、フランスのコカーニュ農園（1900年代に設立された非営利社団）は、1990年代に障がい者を含む各種就労困難者による有機栽培の共同農場に取り組み、それを支援する消費者会員を抱える組織展開（有機農産品の供給）によって全国120農場にまで広がっている。[3]

　日本では、阪神淡路大震災後にボランティアへの認識が深まり、NPO（非営利組織）への社会的認知をはかる目的で特定非営利活動促進法ができたのが1998年であった。それ以前から事業ごとに個別の協同組合（生協、農協など）が法律的に定められてきたのだが、社会的企業や非営利事業体を積極的に認知・促進する制度形成は未整備であった。協同組合も個別共同性が強く、より広く社会的事業としてとらえる協同組合基本法のような総合的な位置づけは行なわれてこなかった。その点では、隣国の韓国での取り組みが注目されるので第Ⅲ部[2]で見ていきたい。いずれにしても、世界に先駆けて超高齢社会に突入して、誰もが安心して暮らしやすい日本社会をどう構築するかが、待ったなしで問われているのが現在の日本なのである。

　その意味でも、各種ハンディキャップを抱える人々、障がい者や介護を必要とする人々を排除しない「包摂する社会」の構築と、その受け皿の整備が求められている。各種ハンディキャップを抱えた多様な人々が、その個性に合った生き方が可能になり、社会参加の道を広げていく環境や労働のあり方（職場）を創り出していく必要がある。そうした視点に立つならば、真の働き方改革の方向性が見えてくるだろう。さらに産業の質的変革方向として、最近もてはやされているAI（人工知能）や各種技術革新を駆使した未来ビジョンとしては、とりわけ弱者を包摂する持続可能な福祉社会を日本において構築する方向へと舵をきっていくビジョン展開こそが、最優先されるべき課題なのである。[4]

## 注

1）　報告書『国際シンポジウム ソーシャル・ファームを中心とした日本と欧州の連携』国際交流基金、2011年
　　　https://www.jpf.go.jp/j/project/intel/archive/information/1107/dl/1106_JapanFnd-F.pdf
2）　日本農福連携協会：http://noufuku.jp/

3)　石井圭一 「フランスのソーシャル・ファーム　―コカーニュ農園と有機農業」 特集 「福祉農業を拓く」『農業と経済』 2013年11月号、 昭和堂

4)　第III部 [1] は、 以下の論考の一部を大幅修正してまとめている。
　　古沢広祐 「人口減少社会をどう迎えるか」『季刊ピープルズ・プラン』 第82号、 ピープルズ・プラン研究所、 2018年

## 参考文献

広井良典 『ポスト資本主義』 岩波新書、 2015年

広井良典 『コミュニティを問いなおす』 ちくま新書、 2009年

広井良典 『持続可能な福祉社会』 ちくま新書、 2006年

広井良典 『人口減少社会のデザイン』 東洋経済新報社、 2019年

古田隆彦 『凝縮社会をどう生きるか』 日本放送出版協会、 1998年

宮本みち子・大江守之 『人口減少社会の構想』 放送大学教育振興会、 2017年

吉川洋 『人口と日本経済』 中公新書、 2016年

# ［2］

# 社会変革をめざす事業体の「グローカル」な展開

## 1 対立・排除から包摂する社会へ
### ——注目されるソウル市の挑戦

　経済規模的には小さいが、利潤追求と一線を画して社会的課題に取り組む事業体に、NPO（非営利組織）、社会的企業、協同組合などがある。それらは、市場経済の競争原理だけでは成り立ちにくい課題や、行政だけでは十分に取り組めない社会的弱者に手を差し伸べる動きを積極的に展開している。いわば、「市場経済」（自由・競争経済）の一角にソーシャルエコノミー（社会的経済）という新領域ないし補完的な領域を形成する動きと言ってよいだろう。こうした新動向について、海外を中心に最近注目されている興味深い動きを見ていくことにしよう。

　社会的経済の動きは、隣国の韓国や欧米諸国で顕著にみられるが、欧州と米国での差異、欧州内でも微妙に異なる展開をみせている。そうした社会的経済の取り組みは、国家レベルというより中小都市や自治体レベルで多様な動きがおきている。これまでは個別的でローカル性が強い動きであったのだが、近年、国際的な連携が次第に活発化してきている。その展開の一例としてグローバル社会的経済フォーラム（GSEF）の動きが注目される。興味深いのは、このフォーラムの発祥地が韓国ソウル市であることである。

　韓国はグローバル経済競争の荒波のなかで、貧富格差や若者の雇用難など社会的歪みが深刻化している国である。そのなかで、いち早く社会的企業や協同組合の可能性に注目し、欧米の取り組みを参考にして法制度を整備してきたの

だった。2006年に社会的企業育成法の制定、2012年に協同組合基本法が制定された。こうした取り組みを先導した動きのなかで、とくにソウル市長の朴元淳氏の存在は大きかった。自治体として率先して社会的企業支援の仕組みを整備し、世界的な連携を模索してきたが、一歩踏み込んだ取り組みとして2013年にグローバル社会的経済フォーラム（GSEF）をスタートさせたのであった。[1]

　朴市長は行動的で、2014年5月にソウル市社会的経済基本条例を制定し、11月にグローバル社会的経済協議会を立ち上げた。その設立総会・記念フォーラムを第1回会合として開催し（GSEF 2014）、世界十数ヵ国の自治体、国際機関や組織から約500人、地元からのべ4,000人が参加する盛況な集会となった。このソウルからスタートしたGSEFの第2回大会が、GSEF 2016としてカナダのモントリオールで開催され、第3回は2018年10月にスペイン北部のビルバオ市（バスク地方）で開催されたのだった。

　ここでは韓国のソウル市での取り組みを簡単にふれておこう。韓国経済はGDP（国内総生産）の過半が巨大財閥企業（5大財閥：サムスン電子、現代自動車、SK、LG、ロッテ）の経済活動に依存している状況のなかで、繁栄と貧困の落差が広がり、困難な課題が山積み状態の国である。詳細は省くが、その歪みを是正する試みとして自治体レベルの動きが活発化しており、その筆頭にソウル市での取り組みがある。とくに注目されるのが、市民参加型まちづくりや社会的企業・協同組合の動きである。最近のソウル市の取り組みとして代表的なものを見ていこう。

　ソウル市のなかで革新的取り組みとして注目されるのが、ソンミサン・マウルの市民参加型まちづくりである。マウルというのは町や村を意味する言葉だが、ソウル市の中の一画（麻浦区）に標高65mほどの小山（ソンミサン）をとりまく地域がある。ここでは、1990年代半ばから共同保育施設の設立から生協活動や各種教育活動（地域学校運営）が展開され、2000年代から地域の環境保全・自然保護運動を契機にして地域の結束が強まり、さまざまな協同組合や社会的企業などが次々と設立されてきたところである。

　半径1kmほどの地域（人口約10万人）のなかで、1,000～1,500世帯ほどの市民が中核的に活動している。大小の約70のコミュニティ活動（団体、各種事業、地域金融等）が展開して、それらは各種協同組合や社会的企業などとして

旧ソウル市庁舎前の広場。毎週のように市民の集いが開催されている
（2017年9月10日、筆者撮影）

運営されており、劇場や図書施設、学校、工房、カフェ、配膳サービス、リサイクルショップ、シェア経済、地域通貨など多岐にわたっている。まさにコミュニティづくり、事業・仕事おこしの実験場と言ってもよいようなところである。

　韓国経済が成長期にアジア通貨危機（1997年）にみまわれて、緊縮経済下での困難な時期にソンミサン地域で展開された試みは、市民の自立的まちづくりや事業体形成として注目されたのだった。同地域の取り組みは、その後ソウル市や各地の自治体での政策形成に強い影響を与えた。最近のソウル市の取り組みを見てみると、注目すべき動きが多種多彩に展開されている。農業分野で注目されるのは有機農業の推進であり、2010年代から学校や公共施設での給食を有機農産物でまかなう動きが広がっている。その野心的な計画として、ソウル市内のすべての小・中・高校で有機農業の無償給食を2021年から施行するプランが打ち出されている（2018年10月）。

　まちづくりとの関連で代表的な政策例をあげてみると、以下がある。

　・「住民参加予算制度」を導入し（2012）、市民の意見を受け付けて、予算の編成段階から検討・反映する仕組みを整備している。

　・マウル共同体の総合支援センター設置（2012年）、聴策討論室（ワークショップなどで意見反映）その他インターネット・SNSなど各種コミュニケーショ

ンでの政策に対する市民意見の収集、村づくりの支援（住民の自立的事業の育成・財政的な支援）などが行なわれている。

・住民中心のマウル学校の運営（2014年25ヵ所〜）、地域社会と一丸となる共同体教育（生涯学習院、子供学校、村アカデミーなど）が行なわれている。

・社会的企業を育成する体系的な中間支援システムを構築、成長段階に合わせた総合支援が推進されている（ソウル市には、社会的企業、協同組合、青年ソーシャルベンチャーなど計3,000以上の社会的経済企業が活動中、2015年）。

・「共有都市」（シェアリング・シティ）・「共有（シェア）経済」の展開（共有事業・企業・空間・場所・知恵の活用）が進められている。

こうした取り組みのすべてが順調に展開しているわけではないが、理想を掲げての政策推進の動向については注目していきたい。とりわけ各種課題へのチャレンジ精神については、学ぶべき点が多くあると思われる。[2]

# 2　胎動しはじめた社会的経済
## ——よみがえるカール・ポラニーの思想

　GSEF（グローバル社会的経済フォーラム）に関連して、企業の社会的責任（CSR）の取り組みから共有価値の創造（CSV）に向かう韓国での動きを紹介しよう。その象徴的なイベントとして第14回カール・ポラニー国際会議（10月12〜14日、2017年）がソウル市で開催されたのだった。同会議では、既存の経済システムの矛盾の克服に向けた興味深い議論や実践報告が多数行なわれた。

　社会的企業や市民型まちづくりが活発化しているソウル市だが、そうした実践の理論的なバックボーンとして近年、社会経済思想家のカール・ポラニー（1886〜1964）が注目されており、その一環で国際会議が開催されたのだった（ポランニーと表記した訳書が多いが、最新訳はポラニーと表記）。彼の有名な著作に『大転換—市場社会の形成と崩壊』（原著1944年、新訳・東洋経済新報社2009年）がある。内容は、19世紀文明（市場経済の隆盛）の崩壊として市場主義への対抗運動（ファシズムの台頭、ニューディール政策など）の出現を、経済人類学的な知見を土台にして巨視的視野から論じたものである。

近年、資本主義の深刻な矛盾拡大（格差・貧困、環境破壊）に警鐘が鳴らされているが、まさに資本主義市場システムへの不信や対抗運動が噴出しだしたことで、ポラニーの洞察があらためて再評価されている。1986年に生誕地のハンガリーで第1回カール・ポラニー国際会議が開催されて以来、世界各地で国際会議が開催されてきた。1988年にカール・ポラニー政治経済研究所（カナダ）が開設され、未公開資料が整備されたことで近年、研究が活発化してきたのだった。従来の資本主義・

Karl Polanyi、1923
Photo: Kari Polanyi Levitt
（出所：カール・ポラニー政治経済研究所）

対・社会主義の対立軸での分析が下火になる一方で、ポラニーが提示した経済システムの3類型に立ち戻って、新たな対抗軸や変革の視点を模索する動きである（第Ⅲ部 [3] で再度ふれる）。

3つの類型とは、互酬（贈与関係や相互扶助関係）、再分配（権力を中心に徴収と分配）、交換（市場における財の移動・取引）で、歴史的・地政学的に多様な存在形態を形成してきた。そのなかでとくに交換システムが、近代世界以降の市場経済の世界化（グローバリゼーション）において肥大化をとげ、諸矛盾を深化させたのだった。市場（交換システム）が隆盛するなかで、本来は商品でない労働（人間）、土地（自然）、貨幣の商品化が進み、人間の社会関係や生活が破壊されることにつながった。それに対して、同書では過度な市場化を規制する政策や対抗運動が生み出されてきたプロセスが考察されている。いわゆる社会の側からの自己防衛運動なのだが、そこにはファシズムや過度なナショナリズムの台頭にもつながる不安定性が内在していた。実際に20世紀前半は、激動期を迎え偏狭な思想やファシズムが隆盛して、悲惨な戦争を引きおこした世紀として私たちの歴史に刻印されている。

韓国において国際会議が開催された背景には、韓国経済が急速な市場化の波を受けて諸矛盾が噴出するなかで、さまざまな対抗運動が同国では積極的に模索・実践されている状況がある。隔年で開催されてきたカール・ポラニー国際会議だが、アジアでは初めて第14回会議がソウル市の市庁舎にて開催されたのだった。すでにふれたGSEF（グローバル社会的経済フォーラム）の動向と連

関した動きとして2015年にカール・ポランニー・アジア研究所がソウルに開設されており、今回の国際会議の催しにつながったのだった。

大会テーマには「大転換と現代の危機」が掲げられて、興味深い報告が多数行われた。それらの詳細を紹介できないが、興味深かったのはマクロ（大枠の理論）レベルの話題としてのベーシック・インカム（基本所得保障）問題とミクロ（実践・現場）レベルの社会的企業や協同組合についての報告であった。ここでは、これまで見てきた社会的企業・協同組合についての動き、とくに企業組織のCSR（企業の社会的責任）に関連するトピックについて見ていくことにしよう。

## 3　企業組織の苦悩と模索——社会的企業への変身

近年の韓国は、日本が戦後に数十年かけて達成してきた発展の歩みをわずか十数年で達成してきた感がある。そこでの光と影の側面は、日本以上にくっきりと映し出されているかに見える。日本経済の現状は、いち早く成長型経済から成熟型経済への移行段階に入っての苦悩と考えられるが、韓国経済は成長型経済に軸足をおきつつ成熟型経済の質をどう実現するかの苦闘とみてよかろう。日本がぬるま湯的な状況下での問題噴出（第Ⅲ部 [1] 参照）なのに対して、韓国ではより大きな激動下での苦悩と模索であり、その点では問題や矛盾がより鮮明に噴出している国とみることができる。

韓国のGDP（国内総生産）の過半が巨大財閥企業（5大財閥）の経済活動に依存している状況のなかで、最近の政権交代がおきたのだった。当初、旧政権（朴槿恵前大統領）も財閥依存の是正と経済民主化を掲げていたのだが、結局は真逆の事態（癒着）がおきてしまった。その混乱下で大統領罷免という事態がおきたのだった。詳細は省くが、韓国経済は資本投下や市場開拓で一点集中・突破型の経営戦略を展開してきた。それがグローバル市場経済下でうまく展開することで絶大な成果を生みだしたのだった（韓国の財閥型企業戦略）。しかしながら、サステナビリティの3側面（経済・社会・環境）では、社会的格差や環境影響など矛盾や歪みを生じやすく、そのバランスの乱れ、とくに社会・環境面での矛盾は深刻化したのだった。その点で、大きな歪みを生じてきた韓国での苦悩は並大抵のものではない。そうした状況下で、国レベルより自治体レベルで

の模索、成長経済下での歪みを是正する試みが模索されたのだった。その筆頭
が、ソウル市などでの取り組みであった。国政レベルでは大きく揺れ動く韓国社
会であるが、自治体レベルでは着実な挑戦が続けられているように見受けられる。

　韓国経済の巨大財閥への依存問題については、市民社会側からの巨大財閥
企業への批判と風あたりは年々強まっている。それは日本企業での近年の不祥
事事件を彷彿させる動きと類似するのだが、その風あたりは私たちの想像をは
るかに超えるものがある。当然ながら巨大企業は、市民社会に自分たちの存在
意義を認めてもらおうと、CSRには全力投球せざるをえない状況におかれてい
る。その点で、5大財閥企業のなかで注目されているのがSKグループの取り組
みである。同国際会議では、同企業の取り組みの様子が紹介されていた。SKは
86の企業（エネルギー・化学、テレコム・電子、各種マーケティング・サー
ビス分野）からなり、従業員数約4万7,000人、総売上高1,566億ドル（約17兆
7,000万円、2014年）という巨大企業グループで、他の財閥企業と同じく経営トッ
プの不祥事があり、企業イメージを刷新すべくCSRに特段の力を注いできたの
だった。

　2010年以降、社会的課題解決に向けて、持続可能な事業モデルを基盤とした
社会的企業52を育成し、さまざまな支援体制を強化してきた。具体的には給食・
配送、小図書館・教育、環境・農園、メディア・ICTなどの社会サービス事業、
官民協力事業などを生みだしてきた。そして、さらに社会的企業ファンドやイ
ンパクト投資を強化するオンライン・プラットフォームをつくり、国連グロー
バル・コンパクトとともに始動させている（Global Social Enterprise Action
Hub）。企業のCSR活動が一歩進み、CSV（共有価値の創造）の好事例として、
同会議で評価されていたのである。

　他方、既存の大企業が社会貢献活動を強化し、発展させている一方で、企
業自体が自己変革して協同組合に転換する試みも生まれている。その代表例に
「ハッピーブリッジ」という外食企業（フランチャイズ店約400、直営店7、オ
ンライン宅配）の会社があり、年間売り上げ4,700万ドル（約53億4,000万円、
2016年）、2013年に労働者協同組合へと組織転換させてサービス、品質、労働
環境の向上で高い評価を得ている事例として報告されたのだった。

　興味深い事例報告に議論は盛り上がったが、とくに注目されたのが若手研究

「大転換と現代の危機」カール・ポラニー国際会議
（2017年10月、筆者撮影）

者の多さと積極的発言が目立ったことである。韓国の社会経済の深刻な苦境を
前にして、新たな可能性を見出すべく果敢に取り組む情熱が強く伝わってきた。
ポラニーの思想が韓国では真剣に受けとめられており、市場経済の歪みを克服
する道を見出すべく努力している動きは、今後とも注目していきたい。

　今日、GDP（国内総生産）に代表される拡大・膨張と利益の最大化を目的と
する従来の資本主義的経済システム（資本の拡大増殖）では、社会的公正と環
境的適正の達成は難しく持続可能な社会を維持・発展させることは困難である
との認識が深まりつつある。人々の豊かさ意識が、個々人の私的な物的欲求か
ら精神的豊かさや社会的意味を求める動きへとシフトし始めた現代社会におい
ては、市場経済の枠をこえて社会活動領域（共・公益圏）を広げていくことが
重要になってきたのである。

　こうした動きを活性化する場と仕組みが、今や世界各地でさまざまに模索さ
れ形成され始めている。そうした努力の積み上げと事例展開が進み、下からの
社会変革が再構築されていく動きが重要なのではなかろうか。その延長線上に、
環境的適正と社会的公正を実現する経済システム（資本の運動の適正化）の動
きとして、持続可能な社会が展望できるかもしれない。GSEFの動向は、そう
した動きを体現している動きの一つとして見てよいだろう。

　以下では、GSEFの最近の様子についてさらに詳しく見ていこう。

# 4 自治体レベルで進展する社会的連帯経済
## ──カナダ、スペインの動向

　これまで社会的経済（ソーシャルエコノミー）という用語を使用してきたが、国際的には連帯経済という用語が南の途上国で普及している。そこで近年は、両者を組み合わせた社会的連帯経済という言葉の方が全体状況を表わす用語として使われ始めている。以下では、そうした傾向をふまえて、社会的連帯経済（social and solidarity economy）の用語を使用していく。

　このような取り組みについては、GSEFに代表されるように国家レベルというより中小都市や自治体レベルで多様に展開している。これまでは個別的かつローカル性が強い動きだったのだが、近年、国際的な連携をはかる動きが活発化して、その展開の一つとしてGSEFの取り組みがあり、第2回のGSEF 2016がカナダのモントリオール市（ケベック州）で開催された（2016年10月）。

　カナダ・ケベック州も、歴史的に協同組合や社会的企業が活発な地域である。従来から多数の民族が混住しており、国際的にも多数の難民を受け入れる多文化共生の理念を掲げた地域づくりとして注目されてきたところである。GSEF 2016は、世界62ヵ国から約1,500人の参加があり、テーマとしては地方自治体と社会的連帯経済の連携が中心的課題に設定された。会議テーマとして「持続可能でインテリジェントな街・都市の連合をめざして」というスローガンを掲げたこともあり、参加者の多くが国を超えての330の都市・自治体（市長や行政官）からの参加であった。

　［1］の冒頭でもふれたとおり、現在、世界人口の半分以上が都市に住むようになり、急速な都市拡大によって問題が山積して、環境問題から社会問題まで難題が累積しつつある。近年は、とくに人口移動（移民・難民を含む）、雇用、居住、交通などの問題が深刻化している。会議にはカナダや米国、欧州、中南米、アフリカ、そしてアジアでは韓国や日本からも参加があり、持続可能な街・社会づくりの興味深い取り組み事例が多数報告された。その一例を紹介すると、米国のオハイオ州クリーブランド市（人口200万人）の取り組みが注目された。同市は、重工業で栄えたところで、デトロイトなどと同様に衰退し、治安悪化、都市荒廃が進行していた。財政難や行政力が衰えるなかで、官民協働・市民参

加の都市再開発、各種ソーシャルビジネス、協同組合の動きを活発化させることで、再生エネルギー、緑地開発、環境関連ビジネスなど多様なサービス産業が芽生え、近年は米国でも最も住みやすい街の一つに挙げられるまでに生まれ変わったとのことが報告された。

　その点では、第3回GSEF 2018を開催したスペイン北部のビルバオ市（バスク地方）も、独特の地域発展を実現したところである。同地域は、協同組合による地域発展モデルとして知られるモンドラゴン協同組合が近隣にあり、その発展モデルはバスク地方に定着している。ビルバオ市は、かつて製鉄や造船など工業都市として栄えたところだが、それらが衰退したことで荒廃の瀬戸際に立たされた。その苦境を乗り越えるべく、ハイテク産業や文化・芸術都市として奇跡の復活をはたしたことで知られている。

　以下では、協同組合、社会的連帯経済の動向に関して、とくにGSEF 2018（スペイン・ビルバオ）の様子を詳しく紹介することにしたい。

# 5　社会変革の「グローカル」な展開
## ——ビルバオ GSEF 2018 大会から

　衰退した工業都市から文化・芸術都市へと甦ったスペイン北部のビルバオ市、当地にてGSEF 2018が開催されたことは意義深い。世界84ヵ国およそ1,700人の参加（自治体・NPO・協同組合・企業・国際機関・研究者ほか）があり、「包摂する持続可能な地域発展への価値と競争力」をテーマに、興味深い実践報告や議論がくり広げられた。

　サステナブルな地域発展への取り組みは、各種さまざまに展開されており、同フォーラム（GSEF）の特徴は、自治体が企業とくに協同組合や社会的企業と連携するPPP（官民連携）の新展開としての動きである。ローカルな舞台でどのようにSDGs実現をしていくかという課題とも連動しており、関連する報告が多く出された。同フォーラムで出された宣言では、SDGsとの関連で社会的連帯経済のはたす重要性が力強く提起されたのだった。

　スペインといえば、昨今、北東部のカタルーニアの分離・独立が話題を呼んだところである。北部のバスク地方でも、長い間中央政府との対立があり、一

GSEF 2018 ビルバオ大会、各国の自治体の首長が壇上に並ぶ
（2018年10月、筆者撮影）

時は過激な分離・独立テロ活動もあった。同地域は独自の言語（バスク語）と風習が継承されており、スペイン国内で最強の自治権（徴税権など）が認められたことで独自の繁栄をとげてきた。地形的には、ピレネー山脈とバスク山脈の山間地域が多く、沿岸部にはリアス式海岸の地形が多いことで日本の三陸地方を連想させる。鉱物資源にめぐまれ、ビスケー湾からの海運や造船・工業で繁栄した時期もあり、なかでも中心都市ビルバオは産業都市で栄えたところだった。しかし1980年代以降は競争力を失い、空洞化とともに公害、スラム化など衰退の危機に直面したのだった。それが、官民あげての起死回生の総合的都市再生プランにより甦ったところである。

クリエイティブ・シティ（文化創造都市）、ビルバオの成功物語については、都市開発の分野で注目されてきたのだが、今回のフォーラムに関連づければ、地域自治と官民連携（PPP）の賜物と言うことができる。地域の衰退に拍車をかけるように1983年に大洪水被害を受けたことで、復旧・復興を契機に抜本的な再開発・活性化プランが地域をあげて取り組まれた（この点は日本での地域状況と重なるところが多い）。行政と企業、メディア、大学、各種NPO組織が結集して「ビルバオ大都市圏再生プラン」が作成されたのだった。市の人口は40万人、周辺都市域としては100万人規模の地域だが、バスク州の人口の約半

ビルバオ市中心部を流れるネルビオン川

分を占めている。単なる復旧、再開発ではなく、港湾施設から工場地帯、市街地、周辺居住地域を総合的に見直して新時代（21世紀）を展望する抜本的な再生戦略プランが練り上げられたのだった。

　さらにビルバオ市のみならず、サン・セバスティアンなど近隣の観光地や他の都市とも協力条約を結ぶことで、都市・地方圏網としての広がりが形成されている。国際的な観光地としてグローバル都市・地方圏域の連携的創造という構想まで視野を広げている点は注目される。興味深いのは、地域の観光の基礎として、歴史的町並み、地域の郷土食（バスク料理）とレストラン、伝統料理のみならず芸術・文化の街として伝統創作料理まですそ野の広がりが生まれていることである。当然ながら食材の調達として農業・牧畜・水産業の振興にも貢献していることから、地域全体がいわば6次産業化をはたしているかのように見受けられたことである。

　当地の再開発の様子をまとめると、以下のようになる。芸術・文化の拠点としてのグッゲンハイム美術館の誘致と大規模な複合文化施設、河川・緑道空間と斬新な河川橋の建設、新旧が対照的に対比される近代的中心市街地と歴史文化が漂う旧市街区や世界遺産の整備、LRT（路面電車）や地下鉄による人に優しい街づくり、サービス・文化（観光）・先端産業の育成、広域の地域連携や産業振興などがシナジー（相乗）効果的に実現したのだった（写真）。

　このような計画実現に際しては巨額の資金や地域住民の協力が不可欠だった

グッゲンハイム美術館の裏側広場

ビルバオ旧市街、古い建物の並びと大聖堂（右）
（2018年10月、筆者撮影）

が、バスク州政府はこの一大プロジェクトを中央政府や民間セクターを巻き込んで推進したのだった。それが可能だった背景には、ピンチをチャンスに変えるバスク地方独特の創造的な結束力と伝統的な自治の力があったと思われる。結果的に、バスク州の1人当たりの所得はスペインの州のなかで最高位にある。

# 6　協同組合の展開、新たなPPP（官民連携）

バスク地方の結束力を象徴する存在が、山間部のモンドラゴン（竜の山）自治体（人口約7,000人）を拠点に事業展開するモンドラゴン協同組合企業グループである。1950年代に小さな技術学校から協同所有の事業体ができ、その後に広範な労働者協同組合が結成されて、101の協同組合と160の企業からなる協同組合企業グループへと発展したのだった（2018年）。

その理念は、働く人が主体の民主的・連帯に基づくビジネスモデル（労働者主権）で、全員が出資して1人1票の原則で運営されている（協同所有）。象徴的なのが賃金差で、事業体によっての差はあるが、職場の平均の高低差を5：1以内に長い間維持してきた（近年は拡大傾向にある）。その事業体としての特徴は、働く人々の労働の質（モチベーション、教育・熟練の高さ、連携・協力の絆の強さ）と言ってよいだろう。

スペインで7番目の経営規模（総資本回転率）をもち、工業、金融、販売流通（生協）、教育・研究開発の4部門を中心に福祉部門も加わって、現在約8万人が働

いている。国内のみならずヨーロッパ地域に国際展開しているが、すべて順調に推移してきたわけではなく、大型家電部門ファゴールの倒産などの苦境にも直面してきた（2013年末）。しかし、2008年リーマンショックに象徴された金融危機下で、多くの企業が倒産して大量解雇が続出した時期に、協同組合部門での倒産や解雇が軽微ですんだことから事業組織としての特徴が注目されたのだった。しかし矛盾がないわけではなく、内部的な協同組合としての組織運営と外部化してきた事業体との関係などの格差を問題視する見方もある。

とくに注目したい動きとしては、同組織が若い世代の人材育成と教育を重視していることがあり、1997年に独自のモンドラゴン大学を設立していることである。当大学でユニークなのは、起業家養成に重きを置いていることで、ビジネスを学ぶ学生は在学中に実際に起業をして黒字を出すことで卒業が認められるとのことである。協同の理念や思想のみならず、意義ある仕事を協同の力で実際に生みだす実践力が求められるのであり、理念と実務・現場をつなぐ教育の徹底ぶりがうかがえる。

その他、フォーラム会議では、実践活動の報告とともにILO（国際労働機関）やヨーロッパ議会の社会的経済部局からの参加もあり、協同組合や社会的企業、NPOなどが地域の課題にどう取り組むかが幅広く話し合われた。グローバル市場経済のなかで社会的連帯経済の役割とは何か、どんな優位性を発揮するのか、まさに今回のテーマ設定「包摂する持続可能な地域発展への価値と競争力」という言葉に象徴される取り組み事例が多く報告されていた。

GSEFの動きは一例だが、社会発展のあり方についてパラダイム転換を模索する上では注目すべき試みだと思われる。とくに重視すべきは、最近はやりのPPP（官民連携）の実践が、一般企業のみならず協同組合や社会的企業が重要な担い手として登場しており、自治体と連携し活動を展開していることである。すでにGSEFの3回の会議の様子で見てきたとおり、社会的分断・排除を生んできた既存の経済体制のなかで自治体レベルでの模索が始まっているのである。ポラニーの言葉を借りれば、市場システムへの対抗運動が生まれてきているのである。

今日の世界の対立や分断情況の深刻化に関しては、欧米諸国、そして韓国ではとりわけ顕著であり、とくに地域レベルでのさまざまな問題克服への努力が水面下で進行してきた。その様子は既述したとおりである。さまざまな取り組

みが多様に展開されており、過去3回のGSEF会議に参加するなかで模索状況を深く実感することができた。社会的背景を異にする日本ではあるが、状況的には日本も深刻な事態にあることは、[1]で既述したとおりである。過疎化、少子高齢化、競争とストレスを増大させている状況への突破口をどこに見出したらよいのだろうか。そのヒントとしては、GSEFの動きが示すような多様な主体が連携・協働し合う地域・自治体レベルでの取り組みが重要なのである。[3]

　日本でも持続可能な地域・仕事場・社会づくりの取り組みが、いろいろと展開される動きはある。制度的そして戦略的展開がまだまだ弱いことから、今後に期待したいところである。第Ⅲ部［3］では、日本での取り組みとして注目されるFEC自給ネットワークの事例を見ていくことにしよう。

## 注

1) GSEFサイト：http://www.gsef-net.org/
　　GSEF2018大会サイト：https://www.gsef2018.org/
2) ソウル特別市公式ブログ、社会的経済の紹介など：
　　https://ameblo.jp/iseoulu/entry-12448232386.html
3) 第Ⅲ部［2］は、以下のネット連載コラムの一部を大幅修正してまとめている。
　　古沢広祐「サステナビリティ新潮流に学ぶ」サステナブル・ブランド ジャパン：
　　https://www.sustainablebrands.jp/article/sbjeye/columnist/02.html

## 参考文献

カール・ポラニー『大転換——市場社会の形成と崩壊』新訳版、野口建彦・栖原学訳、2009年

キム・ヒョンデ、ハ・ジョンナン、チャ・ヒョンソク『地域に根差してみんなの力で起業する：協同組合で実現する社会的連帯経済』中野紀子訳、彩流社、2018年

白石孝編・朴元淳ほか『ソウルの市民民主主義』コモンズ、2018年

ソウル宣言の会『「社会的経済」って何?—社会変革をめざすグローバルな市民連帯へ』社会評論社、2015年

津田直則『連帯と共生—新たな文明への挑戦』ミネルヴァ書房、2014年

廣田裕之『社会的連帯経済入門——みんなが幸せに生活できる経済システムとは』集広舎、2016年

丸山茂樹『共生と共歓の世界を創る——グローバルな社会的連帯経済をめざして』社会評論社、2017年

# ［3］

# 持続可能な日本と地域社会ビジョン
## ——FEC自給ネットワークと地域循環共生圏

## 1　未来社会としての地方分散シナリオ

　日本社会は少子高齢化、産業構造の変化の下で、成長・拡大時代からポスト成長時代へと移行（パラダイム・シフト）しつつある。転換期の展望については、グローバル競争に勝ち残る一極集中型の展開を前提としがちだが、そうした未来シナリオでは、貧富格差の拡大、地方衰退、人口減少（出生率低下）が深刻化していくことが懸念される。これまでのような現状の延長線上では、日本の未来に幸せな社会の実現は展望しがたいと思われる。

　そうした懸念を裏づけるような具体的な未来シナリオ分析が、多数の社会要因の組み合わせを解析したシミュレーション分析結果として、京都大学・こころの未来研究センターから以下のように示されている。[1]

　その分析結果では、主要な社会動向の要因として、①人口・出生率、②財政・社会保障、③都市・地域、④環境・資源の持続可能性、⑤雇用の維持、⑥格差の解消、⑦人々の幸福、⑧健康の維持・増進などが、複雑にからみ合う動向をAIを活用してシミュレーション分析されており、多様な未来社会の姿が明示されている。

　この分析に基づく2050年に向けた未来シナリオとしては、大きくは都市集中型に向かう動きと地方分散型に向かう動きの2大グループとして示されている。都市集中型では、都市の企業が主導する技術革新によって、人口の都市への一極集中が進行して、地方は衰退していくことで、持続性に問題をかかえていく。地方分散型では、地方へ人口分散がおこり、出生率がもち直して格差が縮小し、

個人の健康寿命や幸福感も増大していく可能性をもつ。すなわち持続可能性の観点からは、後者の地方分散シナリオへの方向性を早期に実現していく重要性が示唆されており、きわめて興味深い提言となっている。このシナリオ（持続可能な地方分散型社会）実現のためは、地方税収、地域内エネルギー自給率、地方雇用などについて、経済循環を高める政策を継続的に実行する必要があるとされている。

このような未来展望シナリオをふまえるならば、地方分散型の地域経済の自立と強化を早急にはかっていかねばならない。そのための興味深い取り組みにFEC自給圏の構築という考え方が提起されている。「食（Food）」「エネルギー（Energy）」「福祉（Care）」のFEC自給圏を創るという考え方は、経済評論家の内橋克人氏が提唱したものである。従来の市場原理主義に基づくグローバル経済が地域社会に分断と格差をもたらしており、安心して暮らせる地域社会の再構築には「人と人とが共生する経済＝共生経済」の実現が必要であると訴えてきた。そのために、人々の生活基盤として「食（F）」「エネルギー（E）」「福祉（C）」が地域で自立的に展開できることが重要であり、コミュニティの強化や雇用の創出と合わせて地域の自立的発展につながるという考え方である。

これまでも山形県の置賜地域での置賜自給圏機構や滋賀県高島市でのFEC自給圏ネットワークの取り組みなど、各地でその理念に基づく活動が模索されてきた。そうした動きのなかで、生活クラブ生協の生産地拠点である庄内FEC自給ネットワークの取り組みが注目される。この生協については、第Ⅱ部［7］のエネルギーと市民自治でもふれたとおり、エネルギーや福祉分野まで幅広く活動展開している協同組合である。もともと消費者を中心とする生協は、地方の第1次産業の生産者と食材を通した提携・協同活動を展開してきた。とくに近年の地方の衰退は生産地の衰退につながることから、生産地支援の仕組みをいろいろと模索してきたのである。

## 2　庄内FEC自給ネットワークの展開

協同組合運動の一翼を担ってきた生活クラブ生協は、長年にわたって生産地の提携先としての山形県の庄内地方との連携ネットワークを強めてきた。当然

♪
飛島

遊佐町

酒田市

三川町

庄内地域

庄内町

鶴岡市

山形県

図Ⅲ-4　庄内地域の市町村

ながら、地域の自立的発展をめ
ざす庄内FEC自給ネットワー
クは、その理念の共有というこ
とで積極的に取り組まれてき
た。庄内地方は、山形県の日本
海沿岸地域で2市3町（鶴岡市、
酒田市、遊佐町、庄内町、三川町）
からなる総人口約26万5,000人
の地域である（図Ⅲ-4）。

　庄内FEC自給ネットワーク
の中核組織は、庄内協議会とい
う生活クラブと提携関係にある
生産者諸団体であり、FECのな
かのF（食）部分を担っている。その基盤の上にエネルギー自治をめざす自然
エネルギー創出事業（E）がスタートしたのだった。生活クラブと提携生産者と
の共同出資（市民出資を含む）による（株）庄内自然エネルギー発電が設立さ
れ（2016年）、庄内・遊佐太陽光発電所（18メガワット）が2019年2月から稼
働した。設置場所は遊佐町の耕作が難しい未利用地で、当初はJA全農（農業協
同組合）で検討された後、共同出資体制により取り組まれたのだった。発電量
は一般家庭5,700世帯分で、FIT（固定価格買い取り制度）により収益が生まれ
ることから基金活用として地域活性化と持続可能な地域づくりへの支援を見込
んでいる。

　さらに生活クラブ活動のなかで、長年の提携生産者とその地域への支援（生
産への労働参画、就農支援）の動きや、移住をも視野に入れた活動が展開して
いる（夢都里路くらぶ、2008年〜）。その延長線上で、移住と地元の混住コミュ
ニティをも視野に入れた産地空き家活用合同プロジェクトが生まれたり（2016
年）、高齢者が安心して暮らせる「庄内の福祉コミュニティ構想」が検討されだ
している（2017年）。とくに庄内地域の中心域にある酒田市では、地元住民・教
育機関・産業界による官民検討会（生活クラブ共済連も参加）により「生涯活
躍のまち基本計画」が策定されたのだった（2018年）。酒田市は、地域包括ケ

アを充実させてきた先進自治体であり、施策の一つに日本版CCRC（継続的な
ケア付き退職者のためのコミュニティ）を想定した「生涯活躍のまち構想」（C）
を検討して基本計画に結実させたのである。

　以上、F、E、Cの自給を軸とした地域自立とそれを支え合うネットワーク形
成が、協同組合セクターの関与を軸にして展開しつつある様子を見た。山形県
の庄内地域は、かねてから「食の都」としても知られる地域で、鶴岡市がユネ
スコの「世界創造都市ネットワーク食文化部門」の認定（2014年）を受けるな
ど世界的にも知名度が上がりつつある。万年雪をもつ鳥海山や修験道で知られ
る出羽三山（羽黒山、月山、湯殿山）、日本海運の北前船で栄えた酒田（庄内米
の積出港、山居倉庫が有名）など、自然、歴史、文化的な深みをもつことから、
国際的な観光・文化圏としても潜在的可能性を秘めている。第Ⅲ部[2]でみた
スペインのバスク地方とも共通する地域発展が期待できるところではなかろう
か。

　また当地域は森・川・里・海の生態系的循環を有している。環境省が第5次
環境基本計画の中軸においた「地域循環共生圏」を体現するような地域でもある。
SDGsの展開が、国レベルから地域レベル（ローカルSDGs）へと広がりを見せ
始めていることから、SDGsとの関わりに多少ともふれておこう。FEC自給ネッ
トワークのねらいは、地域自立（自給的・循環経済の形成）とともにその輪を
多重に広げて連携ネットワークを形成していくことで、地域レベルから国・国
際レベルまで、安全で安心して幸せに暮らせる持続可能な社会をめざすことで
ある。その点においてもこうした取り組みは、まさにローカルSDGsの戦略的展
開の好事例として見ることができるだろう。[2]

# 3 SDGsと協同組合セクター、NPO、社会的企業

　地方が衰退・消滅すれば国の成り立ちも揺らぎ、世界全体も不安定化する道
につながっていく。庄内地域で取り組まれているFEC自給ネットワーク形成の
動きは、地域自立・分散型社会の形成を先駆的に体現しており、日本の未来を
きりひらくモデル提示の意義をもつものと思われる。そればかりではなく、現
代世界が直面している諸課題を克服するための重要な道標ともなりうるもので

ある。地方消滅に抗して、日本の各地で安心して暮らせる地域づくりが求められている。その点で自立・循環型の地域社会モデルとしてFEC自給ネットワークの試みは全国へと波及することが期待される。

このような地域の自立的展開においては、すでに見てきたように協同組合やNPO、社会的企業などのはたす役割は大きい。とくに生協・農協・漁協などの協同組合は、「共益性」を基盤にして地域の問題を解決していくための組織として重要である。理念としては連帯・参加・協働に基づき、さまざまな事業を非営利で民主的な仕組みの下で行なってきた。組合内の共益性という点では公益性とは一線を画すが、弱い立場の人々が共同・協同することで地域社会や産業活動の担い手として活躍する重要な役割を担ってきたのである。

その点では、SDGsとの親和性はきわめて強い。すでに第Ⅰ部でふれたが、2030アジェンダで協同組合がSDGsの重要な担い手の一つとして認知されている。またユネスコでも、その存在意義について「協同組合の思想と実践」を無形文化遺産に登録したのだった（2016年）。ユネスコは、協同組合を「共通の利益と価値を通じてコミュニティづくりを行なうことができる組織であり、雇用の創出や高齢者支援から都市の活性化や再生可能エネルギープロジェクトまで、さまざまな社会的な問題への創意工夫あふれる解決策を編み出している」と評価している。歴史的にふり返っても、そもそも協同組合の形成は資本主義社会の発展過程で生じた矛盾、貧困や格差・排除に抗して発展してきた経緯がある。

世界的に見て、日本の協同組合セクターは数字上ではきわめて大きな規模を誇る。事業内容ごとに個別の法律（特別法）で種々の協同組合が規定されており、業種も、農業・漁業など第1次産業から生協、信用・共済、医療・福祉まで多種多様である。JCA（日本協同組合連携機構）によれば、日本の協同組合の組合員数は約6,500万人、事業高は約16兆円（GDPの約3%）に達している。単純計算で総人口の約半数が協同組合に加入していることになるが、重複が多いので実数はその何分の1であろう。だが、先進諸国のなかではきわめて大きな存在感をもつ。その意味では、日本が有する隠れた貴重な社会・文化・経済的資源、ある種のソーシャルキャピタル（社会関係資本）と見てよいのではなかろうか。

現実世界は私企業中心の経済活動によって資本主義経済が成り立っているわ

図III-5　日本の協同組合の概要
（出所：リーフレット：IYC記念全国協議会サイト　https://www.japan.coop/iyc2012/
whatsnew/news111114_01.html）

けだが、社会形成という点で考えると、協同組合、NPO、社会的企業などの非営利・協同セクターの役割、利潤追求とは一線を画する事業体の存在について、あらためて再考することが必要だと思われる。[3]

　[4]では、多少理論的な考察になるが、営利追求に偏重しない社会経済システムのあり方について考えてみたい。グローバル市場経済下での事業組織が、協同組合や社会的連帯経済としてどこまで民主的で公正な経済活動を実現できるかについては、より大きなグローバル経済（資本主義経済）との関係性、経済システム自体がはらむ構造的矛盾を抜きには語れない。その点について、多少とも理論的な展開になるが、第III部[4]にて掘り下げることにしよう。

**注**

1)　こころの未来研究センター「AIの活用により、持続可能な日本の未来に向けた政策を提言」2017年9月：http://kokoro.kyoto-u.ac.jp/1709hiroi_hitachi/

2）　地域循環共生圏　（環境省サイト・総合環境政策）：https://www.env.go.jp/seisaku/list/kyoseiken/index.html

3）　日本協同組合連携機構　（JCA）：https://www.japan.coop/

## 参考文献

内橋克人『もうひとつの日本は可能だ』光文社、2003年

市民セクター政策機構『―ここまで実現した―「庄内FEC自給ネットワーク」の"いま"と"これから"』（ブックレット）市民セクター政策機構、2019年。同、季刊『社会運動』地域自給で生きるNo.424、2016年10月

広井良典『人口減少社会のデザイン』東洋経済新報社、2019年

# ［4］

# 資本主義のゆくえと
# 持続可能な社会
## ——社会経済システムの変革と「公」「共」「私」の再編

　これまで、持続可能な社会の形成に向かうさまざまな動きを多角的に見てきた。本書の冒頭でみたように、持続可能社会の形成を促進するレジーム形成に対しては、個別の動きを見るだけではなく既存の経済システムがはらむ根本的な矛盾構造に目を向ける必要がある。

　本書の締めくくりとして、再び大きな枠組みに視点を戻し、現在の経済社会を形成している資本主義社会の構造的な問題への究明に焦点をあてたい。社会と経済が発展をとげて豊かな社会を実現してきたはずであるが、何ゆえに貧困・格差問題や地球環境問題の深刻化を生んでしまうのだろうか。そこに、人類が築き上げてきた社会経済システムがはらむ矛盾、すなわち資本制社会の編成に関する問題状況がある。ここで使用する資本制社会という言葉は、従来の資本主義社会がもつ意味内容が狭く、社会主義や共産主義に対置された用語という性格をもつからである。資本主義や社会主義のみならず人類の経済活動の基盤・発展推進力として機能している土台としての資本、それを資本制社会として資本の拡大増殖力の展開形態としてとらえたいからである。

　資本制社会に関しては、終章の人新世（アントロポセン）という人類史的な歩みの分析においてもふれるが、［4］では資本主義社会のゆくえという文脈のなかで考察していく。

# 1　豊かな社会の貧しさ

「10年、20年前にくらべて科学技術は進歩し、生産性も向上して、経済は年々
拡大を続けている。本当ならば、より豊かな、よりゆとりある生活が営めるは
ずなのに、現実はそうならない。何かおかしい、と私たちはうすうす感じはじ
めている。

　現に世界全体では、富は総額として年々ふくれあがっている。この地球上には、
まるで魔法のように富が富を生んでいる世界（略）がある一方で、借金が借金
を生み、血のにじむような労働にしばりつけられている世界がある。そしてそ
の二つの世界は、目に見えない糸でつながれている。」

「現代の産業技術体系がはらんでいる基本的矛盾について、（中略）それは大き
く四つの側面から論じることができる。

　第一は、私たちの生存を基本的にささえている"生存環境の危機"。第二は、
私たちの生活をささえている経済システムがはらむ矛盾、すなわち"経済的危
機"。第三は、社会組織の高度化にともなって生じてきた一種のヒエラルキー化
と管理化がもたらす"社会編成の危機"。第四は、現代人の精神世界の稀薄化と
人間性の疎外に関わる"精神的（実存的）危機"。もちろん、それぞれは相互に
深く結びついたものとして展開している。」[1]

　上記の文章は約30年前に著したものからの引用だが、当時の問題状況と比較
してみると、その矛盾はより深刻化しているのではなかろうか。当時は、公害
問題の深刻化が世界全体に波及して第1の環境ブーム、エコロジー運動の形成
と展開をみた時期であった。そして『成長の限界』（ローマ・クラブ・レポート）、
E.ロビンズの『ソフト・エネルギーパス』、E. F. シューマッハの『スモール・イズ・
ビューティフル』などの問題提起が出され、これらの変革への手がかりは今も
なお部分的に継承されている。当時からの諸課題は、さらなるグローバル化を
へた現代世界において、より大きな舞台の上で諸矛盾がいっそう深刻化してい
るかに見える。

　以下では冒頭に挙げた4つの危機のうちの、第1の危機と第2の危機を中心に、
資本主義の未来と社会経済システムの将来的あり方について考察していきたい。

# 2 これまでの発展パターンの矛盾
## ——SDGs と持続可能な発展

　20世紀、2つの世界大戦を経験した人類は、冷戦時代（東西対立）を終結させて（1990年代）、地球的スケールで交流を深めつつ21世紀には一丸となって貧困や環境破壊の難問に対峙する新時代の幕開けを迎えるかにみえた。だが21世紀の世界の現実は、再び反転の様相を呈し始め、9.11同時多発テロ（2001年）、世界金融危機（2008年）、不平等（貧富格差）の拡大、内戦と国家対立への傾斜、グローバル市場競争の激化と地方・地域コミュニティの衰退など、時代は暗転するかのような動きをみせている。

　ふり返れば20世紀末、冷戦体制終結後の1992年地球サミット（国連環境開発会議）では、世界は南北問題（途上国の貧困解消）と地球環境問題を克服すべく地球市民的な連帯の時代に入ったかにみえた。そして貧困撲滅をめざした2000年のミレニアム開発目標（MDGs：2015年開発枠組み）ができ、2015年の2030アジェンダでは「あらゆる貧困と飢餓に終止符を打つ」「誰も置き去りにしない」「地球を救うための21世紀の人間と地球の憲章」といった理想が明記され、17の大目標（ゴール）からなる「持続可能な開発目標」(SDGs)がスタートしたのだった。

　しかし新目標SDGsは、困難きわまる巨大な壁、越えねばならない現実の矛盾に直面している。世界は市場原理主義に翻弄され、貧富の格差は国内外で深刻化し、気候変動や生物多様性の改善は進んでいないのが実態である。その意味では、希望のともし火としての国際的な新潮流（SDGs）を見定めつつ、現実社会の諸矛盾をどう克服していくか、深刻化する課題を直視して克服の道をさぐっていく必要がある。

　環境問題のみならず今日の世界の矛盾すべてを引き受けた処方箋として、「持続可能な発展」(Sustainable Development)や「持続可能性」(Sustainability)というキーワードが、1992年の地球サミット（国連環境開発会議）を契機に世界的に普及したこの言葉を定着させた『Our Common Future』(1987年、邦訳『地球の未来を守るために』)では、「将来の世代がその欲求を満たす能力を損うことなく現在の世代の欲求を満たす開発」とその概念を説明していることは第Ⅱ

部［7］でふれた。この発展概念は基本的には2つの要素、すなわち現存世代の公正（南北問題：貧困と環境問題、資源・財への不平等なアクセス）と、将来世代との世代間の公正という2つの軸からなる配分をめぐる調整問題ととらえることができる。こうした概念が生まれた背景には、これまでの発展パターンに内在する矛盾がある。そして、持続可能な発展とは、従来の経済中心の発展のあり方を3つの調整軸によって軌道修正すること、すなわち単一価値の無限拡大型の成長パターンから脱却して「環境的適正」を重視し、過度な格差と不平等を生まないような「社会的公正」や、多様な価値を再評価する「多様性の尊重」を実現することであることも、すでに見てきたとおりである。

　ここでの無限拡大型の成長パターンからの脱却について言えば、『成長の限界』に代表される環境決定論的な議論とともに、他方では社会・経済的な視点や人間疎外論的な視点からの脱成長論や成長論批判の主張も展開されてきた。たとえばイバン・イリイチの『コンヴィヴィアリティ（共生、のびやかさ）』の産業主義批判や、『スモール・イズ・ビューティフル』で知られるシューマッハの問題提起、後述するアンドレ・ゴルツなどのエコロジー思想からの提起などがある。こうした動きは、その後の欧州でのエコロジー運動、緑の政治、環境と福祉を重視する政策、グリーン経済、社会的連帯経済などの流れに引き継がれている。

# 3　成長の呪縛と金融資本主義の拡大

## （1）増殖し拡大する資本の動向

　以下では、より具体的に現代の経済システム、とりわけ資本主義経済がはらむ矛盾に焦点をあてて考察を進めていくことにしたい。

　今日の経済は、貨幣経済がすべてに浸透して、資本や価値などが経済計算上で処理され、運用される時代を迎えている。経済学（近代経済学）での資本概念は、土地と労働を本源的生産要素とし、工場や機械などの生産設備、在庫品、住宅などを資本（固定資本）としてとらえ（原材料や労働力は流動資本）、いわば資本をどちらかと言えば静態的にみる見方で扱ってきた。それに対しマルク

ス経済学での資本概念は、自己増殖を行なう価値の運動体として、資本を有機的動態の様式（増殖と蓄積をくり返す運動体）としてとらえてきた。その点では、歴史的蓄積の上に築かれた経済システムの動きについて、その問題点を批判的にとらえるには、資本を動態として考察することが実態分析に即していると思われる。実際に最近の注目すべき出来事として、2008年のリーマンショックを契機におきた世界金融危機がある。そこで顕在化した経済の矛盾、拡大増殖システムの資本がもつ問題点は実に複雑に展開した。以下ではダイナミックな資本の変貌ぶりを動態的な分析から考察していこう。

　経済の発展過程を20世紀百年間で見た場合、世界人口は約4倍に増加した一方で（15.6億人から60億人）、世界のGDP（国内総生産）総額は約18倍にまで拡大してきた（2兆ドル規模から38兆ドル規模、1990年基準値、Angus Maddisonデータ）。経済規模の急拡大の原動力になってきたのが、さまざまな産品の生産増と交易・交換（市場）の拡大であった。こうした産業資本を拡充し経済を発展させてきた実体経済の動きに並行して、それを支える金融や信用機能の働きが重要な役割をはたしてきた。経済成長を実現する実体経済とそれをサポートする金融システムの動きに注目すると、そこでは実体経済との乖離がしばしば見られ、いわゆる大小のバブル経済の伸縮がおきてきたのだった。わかりやすく単純化して、図式的に描き出すと以下のようになる。

　自給的な経済から分業の発展と技術革新、交換関係が普及するにつれて市場経済が発展し社会が拡大してきた。とくに産業革命と工業的生産様式が世界大に広がるなかで、いわゆる資本の拡大増殖過程が急速に発展したのだった。市場経済は、生産・所有されたものの自由な売り買いが中核をなすのだが、資本主義経済ではその円滑化と活性化を促すメカニズムとして金融や投資が大きな役割をはたす。そこでは、日常的なフローとしての物品の売買とともに、将来を見越した信用創造（貸し付けによる金融拡大）が促進されて、資産（ストック）形成や経済活動における価値増殖が進行していく。簡単に言いかえれば、そこでは利得が増えるプロセスとして、再生産活動が拡大し価値増殖（利潤拡大）していく仕組みが自律的に展開していく経済体制（資本主義経済）が成立するのである。

　いわゆる資本の拡大増殖が自己展開していくわけだが、注意したい点は資産

や金融活動の拡大には、他方では負債・債務の拡大を表裏の関係でともなって
いくことである。成長は借金（負債）に支えられて促進される、つまり投資と
負債の連鎖的促進によって否が応でも成長せざるをえない状況へと組み込まれ
るのである。それは個人的な富の形成から企業の成長過程、各国の経済成長に
至るまで共通に見られる動態と言ってよかろう。こうした成長・拡大に呪縛さ
れたシステムは、一方ではいっそうの豊かさや繁栄を産み出す半面で、他方で
はバブル経済などさまざまな矛盾も生じやすい。とくに現代経済は、いわゆる
産業資本主義の段階から金融資本主義が優勢となる展開（金融の自由化と拡大）
に傾斜することで、昨今の世界金融危機に象徴される事態を招いたのであった。

　現代経済システム（資本主義）の拡大において生じてきた矛盾については、
大きくは2つの点を指摘できる。すなわち、金融システムの肥大化という問題と、
国家システムの管理・調整が及びにくい多国籍化する企業活動の肥大化という
問題である。資本の自己増殖運動が、成長拡大へと駆り立てる仕組み（金融の
肥大化）を生じさせつつ、企業の利潤蓄積が国境を超えてグローバル展開して
いくことで諸問題を引きおこしている。言いかえれば、人間や社会を豊かに育
むはずの資本という存在が、逆転して資本増殖のために人間や社会を従属化し
てしまう矛盾（疎外現象）として、資本主義社会が出現しているのである。

## (2) 金融システムの肥大化──資本主義の変質

　まず、金融システムの矛盾からみていこう。今回の金融危機を経済のバブル
現象としてみたとき、無謀な株式の高騰を契機に発生した1929年世界恐慌と対
比すると、その規模や複雑化した仕組みは飛躍的な発展をとげていることがわ
かる。2008年リーマンショックに見る世界金融危機の特徴は、金融自由化の促
進により、サブプライムローン（過度な不良貸し付け）やCDO（債務担保証券）、
CDS（クレジット・デフォルト・スワップ）などといった各種の金融商品が出
回って広範に世界大に普及したことで、グローバルな暴走状況が引きおこされ
た。経済活動がモノやサービスの売買（実体経済）の範疇を逸脱して、信用膨
張と投機（マネーゲーム）が水面下で広がり、それがグローバル化して金融経
済が実体経済を大きく侵食する歪んだ事態が出現したのだった。

　世界経済が金融資本と結びついて投機的マネーに揺さぶられる状況は、世界

の金融資産規模（証券・債権・公債・銀行預金の総計）が総額167兆ドルとなり実体経済の約3.5倍の規模に達したことに示されている（2006年度）。この金融資産規模は、1990年時点では2倍規模だったことからその急膨張ぶりがわかる。なかでも世界のデリバティブ（金融派生商品）の市場規模は12兆ドルと2000年の約3倍に急拡大しており、その想定元本は516兆ドルと実体経済の約10倍規模に達したのだった（以上の数字は「通商白書2008年版」による）。実体経済が金融（マネーゲーム）により大きく翻弄される危うい世界経済構造が創り出されてきたのである。

　ここで注意したい点は、各産業が個別生産活動で産み出す利益の動向（諸資本が産出する富）を把握し、高度な情報の集積・管理・運用（金融工学）によってもうかる投資や金融商品（株式、債券等）を操ることで巨額の利益を手にする資本の高次展開様式（金融資本主義的発展）である。それが、昨今の金融バブルや資源・食料などの高騰を生じさせる大きな引き金となってきたのであった。富の肥大化（諸資本の拡大・膨張）の高次展開様式（金融資本主義的発展）に関して、それをどう制御するのか、当面の金融秩序の回復にとどまるのか、より本質的な矛盾や問題を明らかにして、経済・社会制度の変革にまで踏み込むのか、各国レベル、世界レベルの対応状況は今なお混迷しているかにみえる。

　2008年に顕在化した世界経済が抱える金融危機の本質について、ごく簡潔に描き出してみよう。それは、金融を梃子にしたバブルの創出という問題と、そのバブルを可能にした米国経済に結びついた資本主義の拡大圧力（無理な消費拡大と金融的な信用膨張の相補的関係）に集約できる。とくに危機の根底にある大きな矛盾としては、戦後の世界経済の拡大・膨張システムであり、その中核を支えてきた米国経済の構造的歪みがある。世界経済の中核に位置し、国際貿易のリード役をはたしてきた米国経済は、長らく輸入超過による経常赤字（過剰な消費）を積み上げることで世界経済のけん引役をはたしてきた。いわゆるグローバル・インバランス（経常収支の不均衡）問題、赤字（負債）を梃子に経済規模を拡大してきたのである。

　その結果として米国の負債（政府・企業・家計の総計額）の規模は膨張し続けているが、それは現金決済からカード決済が普及したことや、各種ローンが用意されて借金しやすいアメリカ的生活様式として定着したことなどと強く結

びついている。その延長線に金融商品の開発と普及拡大があり、行きつく先に
サブプライムローン破綻を生じさせるとともに、最終的にグローバル金融危機
にまで至ったのであった。実際問題として米国の官民合わせた負債総額は、世
界全体の総生産額（各国GDPの総計：GWP）に近い規模にまで膨らんでいる
ことが推計されており、先行きに不透明感を漂わせている（2016年度の米国総
負債額70兆ドル、世界の総GDPは77兆ドル）。[2]

　順調に経済成長が見込まれる状況下では、グローバル市場経済の拡大過程（膨
張）として問題視されない事態なのだが、そこにはインバランス問題とともに
実体経済の市場規模以上に人々の期待を膨らませる「煽り立て経済」とでも言
うべき問題が内在している。とくに需要拡大と信用の膨張を引きおこす構造的
問題を内在させている点には注意すべきである。経済成長を実現させた現行の
資本主義は、成長に呪縛されて実体経済を無理にでも煽り立てる仕組みを内在
してきた。それは米国経済に象徴される負債体質がグローバルに世界経済の成
長をリードしてきたことと裏腹の関係にあり、今日の世界経済の成長・拡大を
成立させてきたのである。

　この米国経済にみられる市場拡大的な圧力の傾向が、今日の資本主義の特徴
であり性向だったと考えられる。この性向は経済的な立ち位置や構造的な違い
はあるものの日本においてもあてはまり、巨額の財政赤字を積み上げる結果を
招いている。それはまた欧州経済や中国経済においても、似たような状況下で
推移していると言ってよい。現代の世界経済が内在する矛盾とは、成長の呪縛
とともにその裏面で進む負債の増大として両側面からとらえることが重要であ
り、オルタナティブを志向するにはこの呪縛からどう脱却するかについて考え
る必要がある。

　今後の動向としては、米国経済を基軸に見ると、バブルをいとわずに停滞経
済を無理やり活性化させていくか、あるいは停滞局面の下でドル安傾向による
借金（米国の対外債務）の縮小（棒引き）を進めながら、中国やインド、ブラ
ジルなどの新興国の経済成長（需要創出）を喚起して、資本循環によるバラン
ス（投資と負債）を保ちつつ経済を維持するか、その組み合わせのシナリオな
どが想定される。可能性としては、次なるイノベーションへの期待を膨らませて、
何らかのバブル傾向の創出を煽ることによって、従来の延長線上で経済を維持

し継続・膨張させる道筋が想起される。現実問題として、まさにその道を歩んでいるのだが、それは矛盾の解決というより問題の先送りでしかない。

## （3）企業（資本）活動の多国籍化──新貧乏物語

　次に、もう一方の問題である企業活動の多国籍化と富の偏った肥大化について見ていこう。世界経済の主体は、国民経済という枠組みをこえてグローバル化が進展しており、その様子は国の歳入（revenue）規模と企業の売上高（turnover）とを比較した表Ⅲ−1においてはっきりと示されている。

　このデータ元は、企業の売上高はフォーチュン誌（Fortune Global 500）からのものであり、国の歳入額は米国中央情報局『ザ・ワールド・ファクトブック』（CIA World Factbook）からの情報に基づいている。比較データとしては参考になるが、データの数字については概数であることに注意したい。企業活動は、もともと各国経済に大きく依存して発展してきたのだが、事業展開は国境の枠組みを超えて活発化しており、その規模の大きさが国家の経済規模をしのぐ勢いで拡大している。2015年度の各国歳入金額と多国籍企業の売上高を比較した場合、上位100の3分の2以上（70）が企業によって占められている。このデータの2016年度での比較では、100のうち71が企業となり増加している。71のうち米国籍の企業が27、中国籍の企業が14を占めている。[3]

　グローバリゼーションという現象の実態が何なのかが、ここにはっきりと示されている。経済活動の主体は、いまや国民経済以上に巨大化した多国籍企業へと移行しており、その活動規模としては国家の経済規模を上回る巨大企業優位の時代を迎えたということである。たとえば、巨大スーパーチェーンのウォルマートの売上高は、スペインやオーストラリアなどの国の国家歳入を超えている経済主体なのである。

　そこには、トマ・ピケティが問題視した現代資本主義の動向で顕著になってきた格差拡大と深く関わる問題が横たわっている。企業活動の肥大化や収益の増大とともに、それを自在に操る超エリート層が生みだされ、そこでは富の肥大化（諸資本の拡大・膨張）の高次展開様式（金融資本主義的発展）とも関わってダイナミックな動きが生じている。多少大げさにいえば、現代版錬金術の時代が出現してきたと言ってもよいような現象が現われている。それは、たとえ

表Ⅲ−1　国家の歳入と企業の売上高（2015年度）（単位：10億ドル）

| 順位 | 国名/企業名 | 歳入/売上 | 順位 | 国名/企業名 | 歳入/売上 |
|---|---|---|---|---|---|
| 1 | 米国 | 3,251 | 26 | ベルギー | 227 |
| 2 | 中国 | 2,426 | 27 | BP（英） | 226 |
| 3 | ドイツ | 1,515 | 28 | スイス | 222 |
| 4 | 日本 | 1,439 | 29 | ノルウェー | 220 |
| 5 | フランス | 1,253 | 30 | ロシア | 216 |
| 6 | 英国 | 1,101 | 31 | バークシャー・ハサウェイ（米） | 211 |
| 7 | イタリア | 876 | 32 | ベネズエラ | 203 |
| 8 | ブラジル | 631 | 33 | サウジアラビア | 193 |
| 9 | カナダ | 585 | 34 | マッケソン（米） | 192 |
| 10 | ウォルマート（米） | 482 | 35 | オーストリア | 189 |
| 11 | スペイン | 474 | 36 | サムスン電子（韓） | 177 |
| 12 | オーストラリア | 426 | 37 | トルコ | 175 |
| 13 | オランダ | 337 | 38 | グレンコア（スイス） | 170 |
| 14 | 国家電網（中） | 330 | 39 | 中国工商銀行（中） | 167 |
| 15 | 中国石油天然気集団(中) | 299 | 40 | ダイムラー（独） | 166 |
| 16 | 中国石油化工（中） | 294 | 41 | デンマーク | 162 |
| 17 | 韓国 | 291 | 42 | ユナイテッドヘルス・グループ（米） | 157 |
| 18 | ロイヤル・ダッチ・シェル（英） | 272 | 43 | CVSヘルス（米） | 153 |
| 19 | メキシコ | 260 | 44 | エクソールグループ（伊） | 153 |
| 20 | スウェーデン | 251 | 45 | ゼネラル・モーターズ（米） | 152 |
| 21 | エクソン・モービル（米） | 246 | 46 | フォード・モーター（米） | 150 |
| 22 | フォルクスワーゲン（独） | 237 | 47 | 中国建設銀行（中） | 148 |
| 23 | トヨタ自動車（日） | 237 | 48 | AT&T（米） | 147 |
| 24 | インド | 236 | 49 | トタル（仏） | 143 |
| 25 | アップル（米） | 234 | 50 | アルゼンチン | 143 |

　　　　　企業名により修正加工

出所：Global Justice Now
https://oxfamblogs.org/fp2p/the-worlds-top-100-economies-31-countries-69-corporations/

ば超富裕層「グローバル・スーパーリッチ」（プルトクラート）の台頭などというう言葉で語られるようになった。

　よりリアルに現実を映しだした近年の報道に、国際NGOオックスファムが2016年1月に発表した報告書『最も豊かな1％のための経済』がある。そこでは、深刻な格差拡大の実態が浮き彫りにされており、「世界で最も裕福な62人が保有する資産は、世界の貧しい半分（36億人）が所有する総資産に匹敵する。こ

| 順位 | 国名/企業名 | 歳入/売上 | 順位 | 国名/企業名 | 歳入/売上 |
|---|---|---|---|---|---|
| 51 | 鴻海精密工業（台湾） | 141 | 76 | ウォルグリーン・ブーツ・アライアンス（米） | 103 |
| 52 | ゼネラルエレクトリック（米） | 140 | 77 | ヒューレット・パッカード（米） | 103 |
| 53 | 中国建築（中） | 140 | 78 | ゼネラリ保険（伊） | 103 |
| 54 | アメリソース・バーゲン（米） | 136 | 79 | カーディナルヘルス（米） | 103 |
| 55 | 中国農業銀行（中） | 133 | 80 | BMW（独） | 102 |
| 56 | ベライゾン（米） | 132 | 81 | エクスプレス・スクリプト・ホールディング（米） | 102 |
| 57 | フィンランド | 131 | 82 | 日産自動車（日） | 102 |
| 58 | シェブロン（米） | 131 | 83 | 中国人寿保険（中） | 101 |
| 59 | エーオン（独） | 129 | 84 | JPモルガン・チェース（米） | 101 |
| 60 | アクサ（仏） | 129 | 85 | ガスプロム（ロシア） | 99 |
| 61 | インドネシア | 123 | 86 | 中国鉄路（中） | 99 |
| 62 | アリアンツ（独） | 123 | 87 | ペトロブラス（ブラジル） | 97 |
| 63 | 中国銀行（中） | 122 | 88 | トラフィグラ・グループ（印） | 97 |
| 64 | ホンダ自動車（日） | 122 | 89 | 日本電信電話（日） | 96 |
| 65 | 日本郵政（日） | 119 | 90 | ボーイング（米） | 96 |
| 66 | コストコ（米） | 116 | 91 | 中国鉄建（中） | 96 |
| 67 | BNPパリバ（仏） | 112 | 92 | マイクロソフト（米） | 94 |
| 68 | ファニー・メイ（米） | 110 | 93 | バンク・オブ・アメリカ（米） | 93 |
| 69 | 中国平安保険（中） | 110 | 94 | エニ（伊） | 93 |
| 70 | アラブ首長国連邦 | 110 | 95 | ネスレ（スイス） | 92 |
| 71 | クローガー（米） | 110 | 96 | ウェルズ・ファーゴ（米） | 90 |
| 72 | ソシエテ・ジェネラル（仏） | 108 | 97 | ポルトガル | 90 |
| 73 | アマゾン・ドット・コム（米） | 107 | 98 | HSBCホールディングス（英） | 89 |
| 74 | 中国移動通信（中） | 107 | 99 | ホーム・デポ（米） | 89 |
| 75 | 上海汽車集団（中） | 75 | 100 | シティグループ（米） | 88 |

の数字が、わずか5年前の2010年には388人だったことが事態の深刻さを示している。一方で、2015年には、世界人口の貧しい半分の総資産額は、2010年と比較して1兆ドル、41％減少。同時期に世界人口は4億人増加。世界の資産保有額上位62人の資産は、2010年以降の5年間で44％増加し、1.76兆ドルに達した。」(オックスファム2016)と警鐘を鳴らした。さらに注目すべき指摘としては、世界の富裕層・多国籍企業は、社会が機能するための納税義務をはたしていな

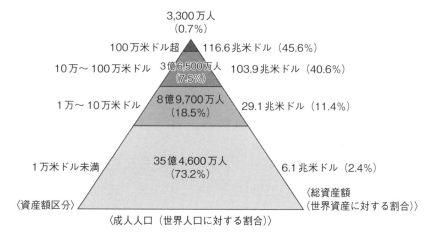

図Ⅲ-6　世界の富のピラミッド
（出所：james Davies, Rodrigo Llubaras and Anthony Sharrocks, Credit Suisse Global Wealth Databook 2016。出典：クレディ・スイス『グローバル・ウェルス・レポート2016』）

い状況を告発したのだった。世界の大企業211社のうち188社が少なくとも一つのタックス・ヘイブン（租税回避地）に登記している状況や、そうした口座にある個人資産額は、推定で約7.6兆ドルにのぼると指摘したのである。[4]

オックスファムのレポートはさまざまなデータを集積して分析したものだが、もとになったデータの一つに世界的な投資会社「クレディ・スイス」が出している『グローバル・ウェルス・レポート』がある。その分析データを見ると、「世界の富のピラミッド」（図Ⅲ－6）に示されているように、世界人口の0.7%（3,300万人）が保有している富は116.6兆ドル（世界資産の45.6%）にのぼり、世界の富のほぼ半分近くが保有されている様子が示されている（『グローバル・ウェルス・レポート2016』）。

2018年にオックスファムが発表したレポート『資産ではなく労働に報酬を』では、「昨年、世界で新たに生み出された富の82%を世界の最も豊かな1%が手にしたことが明らかになりました。一方で、世界の貧しい半分の37億人が手にした富の割合は1%未満でした」と指摘している。

世界的な貧富の格差・不平等を示す図としては、ユニセフの『世界の不平等』（GLOBAL INEQUALITY、2011）に示された所得の分配状況がわかりやすい

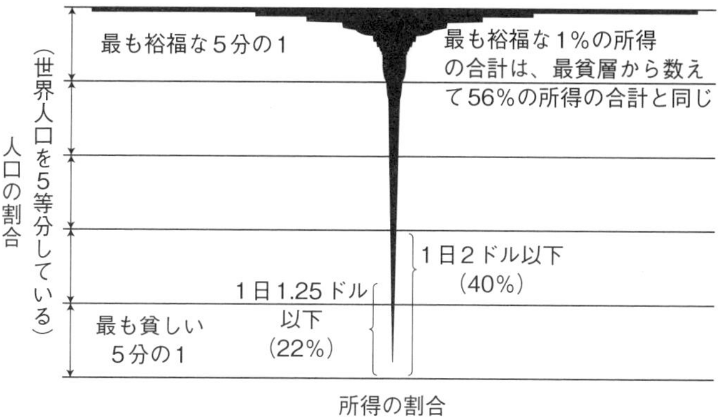

図Ⅲ-7　世界の所得の分布状況 (2007)
（出所：ユニセフ『世界の不平等』（GLOBAL INEQUALITY, 2011）より作成。
https://www.unicef.org/socialpolicy/files/Global_Inequality.pdf）

ので示しておこう（図Ⅲ－7）。数字の年度は少し古いが、この図をみても、世界人口の上部1％の人が得ている所得金額は世界人口の56％（35億人）が得ている総所得に等しい状況がはっきりとわかる（2007年）。この図の形を見るとおり、この不平等を示す図は上部が大きく広がったシャンペングラスによくたとえられてきた。すでに第Ⅰ部で紹介した、富者が出す温室効果ガス排出量の大きさの図（45頁）でも似た形が示されていることを思いおこしてほしい。ここで、富と所得の違いについて注意したい点は、所得はいわゆる年収（フロー）であり、富とは資産規模（ストック）を示しているので数字の内容は異なっている。年々の所得（フロー）の積み重ねが、巨大な富の集積（ストック）として「富のピラミッド」のような超格差社会を出現させているのである。

　こうした経済的歪みの一方でおきていることは、深刻な社会編成の危機である。すなわち、国民経済における再配分や調整の機能が大きく低下してきている問題である。このような不平等の格差を是正する仕組みとしては、国の役割として租税制度による再配分・調整機能が形成されてきた。それが機能していない実態が進行しているのである。たとえば、企業活動の優遇のために世界的に法人税の引き下げ競争が進んできた。その一方では、消費税の導入とその税

率の上昇を招いてきたのだった。貧富の差を調整するはずの所得の再配分機能は、大幅に低下したのである。さらに経済活性化のためには、力のある事業家・経営者・資本家こそが巨額の経済利益をうみだす源泉だとして、高額所得者の税金を大幅に低減させてきたのである。先進諸国での所得税の最高税率は、70％前後（1980〜1990年代）であったものが、軒並み30〜40％へと低下してきたのだった。

　課税の不公平という点では、金融の活性化が叫ばれて、銀行預金・債券等の利息、株式・投資信託・FX等の利益にかかる税率は一律約20％（分離課税）とされており、いくら稼いでも同じ税率におかれてきた。さらに巨額配当収入については、上手に運用して課税を最小限にする手立て（海外の資産管理会社の活用）が工夫されており、最近注目を集めているタックス・ヘイブン問題が示すように、富裕層はグローバル世界で最大限の自由を謳歌してきたのだった。

　さらに企業活動をより有利かつフレキシブルに進めるために、労働コストの引き下げ競争を激化させてきた経緯がある。アウトソーシングや海外移転が進む一方で、雇用の流動化として、正規雇用から非正規や派遣社員などへのシフトがおき、安定した雇用条件が緩和・不安定化される事態を生んできたのだった。結果として、企業収益に占める労働賃金への配分割合（労働分配率）は、OECD（経済協力開発機構）などのデータが示しているように1980年代以降ほぼ一貫して低下してきた。企業のもうけ（内部留保、配当）は増大しているのに対し、勤労者の賃金は抑えられてきたのである。そして、多くの先進諸国の貧富の格差（ジニ係数）は、近年拡大の一途をたどってきたのであった。

　そこでの歪みは、税収の伸び悩みとともに不況・景気対策や社会保障費増などによって財政危機を招くこととなり、その埋め合わせは補足しやすい消費税の増税問題を引きおこしたのである。その一方では、近年注目されだした事柄として、「パナマ文書」「パラダイス文書」問題に象徴される、企業や富豪の国際的な租税のがれ（タックス・ヘイブン）という深刻な問題がある。この問題は奥深く、既述した金融自由化や投資活動の促進とあいまって多国籍企業の収益確保の重要な手段とされてきた。それは、上記のヘッジファンド（金融派生商品・投機的資産運用）の活動を下支えする舞台を提供しており、タックス・ヘイブンは世界経済における一種の闇経済のような状況まで出現させたのであっ

た。こうした国境を越えてグローバルに展開する企業や資産家の活動の収益確保、利潤蓄積においては、租税を最小限に抑える手だて（税のがれ）は巧妙をきわめているのである。

　以上みてきたように、グローバル化と資本の拡大増殖のなかで、企業活動がうみだす富の分配には大きな歪みが生じている。そうした矛盾のしわ寄せは、結局のところ国民一般へと押しつけられる事態となっており、消費増税、競争激化と労働強化、ストレス増大、国家の財政危機などを生んでいるのである。いわば国民生活の内実を一方的に低下させながら、企業の経済活動の円滑化が優先され、資本の拡大増殖を促進して超富裕層を浮上させるという歪んだ世界経済が、これまでの推移として形成されてきたのであった。とくに急加速化するグローバルな資本の動向分析については、グローバル資本のダイナミックな動態と矛盾を描きだしたD.ハーヴェイの『資本の〈謎〉』など一連の著作の分析が参考になる。

# 4　社会経済システムの変革と是正の動き

## （1）トータルな問題認識の重要性

　諸矛盾への対応については、冒頭で指摘した環境的適正、社会的公正、多様な価値評価の実現を考える必要があるのだが、さしあたり環境制約の側面からその調整や解決策について考えることにしたい。これまでの経済発展のパターンを歴史的にさかのぼって見たとき、大きくは自然密着型の第1次産業（「自然資本」依存型産業）から第2次産業（「人工資本」と化石資源依存型産業）へ、そして第3次産業（「人的資本・擬制資本」商業・サービス・金融・情報依存型産業）へと推移し、富の源泉が金融（マネー）・情報・サービスへとシフトしてきた。そうした状況は、急成長したGAFAに代表される巨大企業や、今日の大富豪が金融や情報分野で巨額の富を築きあげていることに現われている。

　経済発展と環境負荷については、先進国側の環境改善をグローバル経済の構成のされ方からトータルに評価する必要がある。すなわち途上国サイドへの製造業の移転は、中国や新興国を見てのとおり先進諸国の資源・エネルギー多消

費構造が外部（途上国側）へと置きかえられている側面がある。経済発展と環境負荷の問題は、個別技術（省エネ等）や産業構造の転換のみならず、生産・加工・消費形態が各国の経済をこえて世界大でどう組み立てられているのか（グローバル・サプライチェーン）、その入り組んだ複雑な構造まで分析し検討していく必要がある。このような状況認識下で、グローバル経済を相対視するならば、個別的な対応を超えた総合的な視点で問題を克服することが重要であることに気づく。その点では、本書の冒頭で紹介した国連が提起している持続可能な開発目標（SDGs）の多面的な展開は重要であり、とりわけ多国籍企業の行動指針や投資行動へ関与する動きは注目すべき取り組みだと思われる。

　以下では、環境的適正と社会的公正という論点を中心に、資本主義経済の変革の可能性について考えてみたい。今後の変革へ向かう動きについて、資本の拡大増殖をどうコントロールできるかという視点から、大きく2つの方向で整理して論じていこう。

　第1は、世界金融危機（2008年）を契機に提起されたグリーン・ニューディール政策や「リオ＋20」国連持続可能な開発会議（2012年）などで強調されたグリーンエコノミーに代表される軌道修正や構造調整の動きである。それらは以下に示す消費の側からの変革や、企業の社会的責任（CSR）、社会的責任投資（SRI）、インパクト投資を促す動きとしても顕在化しつつある。従来の大量生産・消費・廃棄の体制から脱却し、再生エネルギーや農林漁業など第1次産業の再評価を基盤として、環境ビジネスの創出などの動きがあり、新たな技術革新や環境投資の方向性などが模索されている。だが、化石燃料依存型の産業や社会構造が百年単位の蓄積の上に形成されたことや、市場競争と成長戦略の重視といった従来型の流れを考慮すると、転換のプロセスは簡単には進みにくい。途上国では従来型の工業生産や社会インフラ形成の途上にあり、大量生産・消費社会へと進む成長・拡大志向が今もなお強化されている。SDGsがどこまで影響力を発揮して、どのようにして投資を誘導しグローバルに経済全体の変革につなげていくか、まだまだ課題は多い。

　第2は、問題をより根源的に資本主義の矛盾としてとらえて、経済や社会システムの変革をめざそうとする方向性である。その場合、経済・社会システムや資本主義の歪みのとらえ方に関して多種多様な議論が予想される。残念ながら

長期的かつ本質的な変革の可能性については、その全体像を描き出すような試みはまだ少ない。以下、それぞれについて、より詳しく論じていくことにしよう。

## (2) 資本概念の拡張とグリーンエコノミーの動き

　貨幣経済が主流となり、資本や価値などがすべて経済計算上で処理、運用される時代のなかで、資本概念そのものを問いなおそうとする動きが生じている。近代経済学での静態的な資本概念や、マルクス経済学での自己増殖する運動体としての資本概念については、その論点はすでに指摘したとおりである。いずれにしても企業が経済活動の中核を担う今日の世界経済では、企業にとって資本の調達源泉を総資本ととらえており（貨幣的評価）、自己資本を土台に収益の増大をめざす投資活動が行なわれてきた（投資収益）。その際、土地（自然）と労働（人）は、生産要素ではあるが資産的ないしはコスト的な意味をおびた利用手段に位置づけられた上で、企業の産業活動が行なわれてきたのだった。

　いわば人間世界（人工資本）を中心にした、狭い意味の経済活動だけに限定されたなかで生産拡大が行なわれ、いわゆる豊かな社会と人類の大繁栄が実現されてきた。その結果として、環境破壊がもたらされ、生態系や自然基盤を侵食する事態を生じるに至ったのだった。だが、こうしたとらえ方を見直す考え方が、近年提起され始めている。自然を、経済利益ないし利潤を産み出す「手段」という位置づけではなく、「価値の源泉」としてとらえ直す考え方である。従来の資本概念を自然にまで適用して、自然ストックに内在する価値を自然資本とみたてる考え方（資本概念の拡張）で、ミレニアム生態系評価（ME2005）や生物多様性の経済学（TEEB2010）などで広く認知されるようになってきた。

　2012年の国連環境会議（「リオ＋20」）では、自然資本に関するさまざまなイベントが開催され、世界銀行が提唱した「50：50キャンペーン」（自然資本の価値を50の国が国家会計に入れ、50の企業が企業会計に入れることを目標）が公表された。さらに、世界の37の金融機関が自然資本の考え方を金融商品やサービスのなかに取り入れていく約束をする「自然資本宣言」への署名などの動きが生まれのだった。さらに国際統合報告評議会（IIRC）の国際統合フレームワーク（2013）では、「資本は、財務資本、製造資本、知的資本、人的資本、社会関係資本、自然資本から構成される」とし、自然資本を会計や価値創造に関わ

る基本概念に位置づけている。英国ではいち早く政府が自然資本委員会を設置し、国の会計制度に自然資本を取り入れる動きをみせている。

　自然資本（ストック）から供給される生態系サービス（フロー）に関しては、大きく4つの役割として分類されている。基盤サービス（酸素供給、土壌形成、栄養循環、水循環など）、調整サービス（気候緩和、洪水調節、水質浄化、環境調整など）、供給サービス（食料、燃料、木材、繊維、薬品、水などの供給）、文化的サービス（精神的充足、美的楽しみ、宗教・社会制度の基盤、レクリエーションなど）である（図Ⅲ−8）。その価値に関しては、大きくは利用価値（直接的・間接的効用、経済的価値等）と非利用価値（将来利用的価値、存在価値）に区分されるが、今まで無視されてきた価値の可視化として貨幣評価する試みなどが盛んに行なわれるようになってきた。各種生態系サービスについての貨幣換算評価をみると、それは人間の生産活動をはるかに超える規模であることが示されている（TEEB2010）。こうした試みや研究は始まったばかりの段階だが、自然の経済価値評価は売買すべきでないものに価格づけする行為ではないかとの批判もある。その一方で、持続可能な社会形成を展望する上では重要な第一歩だと評価する流れが生まれている。

　自然を資本として認識する際に問題になるのが、経済活動（人間社会・経済システム）と自然・生態系システムとをどう調和させるかという問いである（図Ⅲ−9、122頁より再掲）。図Ⅲ−9の上部、従来の人間社会・経済システムは、いわば産業革命以降の工業的産業モデルとして発展してきた。自然を所与のものとして扱い、収奪ないし使い捨ててきたことが資源と環境の限界に直面し、変革を迫られているのである。長年続いてきた農業生産においても、本来的には生態系サービスの上に築かれてきたものが、近代化の流れのなかで工業的な生産モデルをなぞるかたちで発展をとげてきた。工業的生産モデルでは、いわば潜在的な多様な関係性を排除して単一価値（換金作物）の極大化がめざされたのだが、それに対して生態系的モデルでは、図Ⅲ−8に示されているように、潜在的な多様な関係性の上に非利用価値をも含む価値の総体的な発現が重視される新潮流を形成しつつある。その点は、第Ⅱ部での共生型生産力の展開やアグロエコロジーの動向などを見ても同じ潮流である。

　発展の評価軸の再検討もおきている。従来のGDP（国内総生産）のような経

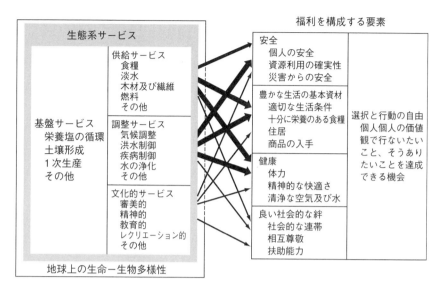

図Ⅲ-8　生態系サービスと人間の福利の関係（ME2005）
（出所：『環境白書平成22年版』の図より作成。https://www.env.go.jp/policy/hakusyo/h22/html/hj10010301.html#n1_3_1_3）

済指標から社会的評価軸を組み込んだ総合指標の動きとして、たとえばUNDP（国連開発計画）による「人間開発指数」（HDI：Human Development Index）などが注目される。同様に経済面に偏らない評価軸として幸福度指標などへの取り組みも進んでおり、経済協力開発

図Ⅲ-9　地球システムと人間社会システム

機構（OECD）の「Better Life Index（BLI）」（2011年）や日本でも内閣府から「幸福度に関する研究会報告─幸福度指標試案」（2011年）などが出されている。また国連大学とUNEP（国連環境計画）による包括的富指標（IWI：Inclusive Wealth lndex）が開発されたり（2012年）、「地球システムの限界範囲」（Planetary boundaries、2009）といった考え方なども提起され、限りある地球上で人類が

どのように生産活動を組み立てて社会を形成していくのか、そのための手がかりをさぐる試みが近年とみに活発化している。

## (3) 環境と社会倫理を志向する消費の動向

　生産システムの見直しとともに、他方では消費のサイドからの変革の動きもおきている。20世紀後半以降、成長一辺倒で拡大してきた生産システム（資本の拡大増殖）は、生産の自己肥大化の修正が求められる一方で、その変革の契機として消費の側からの対応による変化の兆しが出始めている。この消費の側からの動きとは、人々の消費行動のあり方の見直しであるが、それは自生的というより外的な要因とりわけ環境問題や資源の制約・限界への自覚に負うところが大きい。それは、1980年代後半から地球環境問題の深刻化のなかで台頭し始めたグリーン・コンシューマー（環境を重視する消費）や消費者の倫理意識や社会的責任を問う動き（エシカル・コンシューマー）として展開してきた。これらは20世紀末から21世紀にかけて、生産システムに対する消費の側からの新たな対抗ないし調整を迫る注目すべき動きである。

　消費者サイドから地球市民的な新しい社会運動（グリーン・コンシューマリズム）の台頭は、価格や見た目の豪華さに重きを置くのではなく、自然を尊重して環境に及ぼす影響など商品の背後にある価値や質を問う消費者意識であり、新たな価値観の形成を内在させていた。それは従来からの消費者の狭い利己的権利の拡大を超えて、新たな社会意識と価値や文化形成の動きとしてとらえられる。具体的な動きとしては、英国で1988年に『グリーン・コンシューマー・ガイド』が出版されて、一躍ベストセラーになり小売業界に大きなインパクトを与えた出来事は有名である。ほぼ時を同じくして、米国でも経済優先度評議会（CEP）が『ショッピング・フォア・ベターワールド：よりよい世界への買物』を毎年出版するようになり、1989年以降数年間で100万部をこえる売行きをみせた。

　当時1989年3月にアラスカ沖でエクソン社の石油タンカー「バルディーズ」号の座礁事故で深刻な汚染をおこし、企業の社会的責任を問う動きが急速に広がった。市民団体により企業が守るべき「バルディーズ原則」（CERESという団体がその後セリーズ原則と改称）がつくられ、その後の企業の社会的責任（CSR）の潮流につながっていく。このCEPという団体は、1969年に米国で設立された

年金などの資金運用のためにコンサルタントをする非営利団体（NPO）であり、地域社会への貢献や人権尊重など社会的基準に基づく投資活動を奨励する団体であった。こうした動きは以前から「社会的責任投資」（SRI）という運動としてあり、1970年代以降に本格化してきたものである。興味深いのは、市民の環境や社会に対する意識や行動が、ボイコット運動などのような購買という日常的な消費行動で企業活動を牽制する動きとして展開されたのみならず、企業の将来行動を左右する投資の分野にまで及んできた点である。

グリーン・コンシューマーとともにエシカル・コンシューマー（倫理的消費者）も注目される動きである。商品が環境面のみならず社会的背景にまでどんな関わりをもっているかを問うもので、英国では「エシカル・コンシューマー」の書籍や雑誌が刊行されており、近年はネット上で大きな影響力を発揮している。それは、たとえば、チョコレートという商品項目を見た場合、個別の商品名リストと製造元ならびに企業系列が出ており、チェック評価項目としては、原料供給元の国の政治体制が市民を抑圧していないか、土地所有の形態は民主的か、労働組合が機能しているか、労賃や労働条件に問題はないか、環境への配慮、軍事との関係、人種差別との関係などが示されている。最終評価項目で問題ありとなると、抗議やボイコットの呼びかけに印がつくことになる。

つまり自分たちが消費している商品が、どんな所からどのようにつくられてきているか、人権や環境面で問題を生じていないかなどがチェックされて、消費者が商品を選択する際の選択基準となる点である。安全性や環境面、人権や労働条件、ジェンダー、軍事・平和問題、政治的・社会的抑圧等といった問題まで視野にいれて、生産から流通・消費に至るまでを詳しく点検して評価するのである。この動きは、企業の社会的責任（CSR）や倫理を問う動きを誘発し、企業自身の自己変革を促す流れにつながってきたのだった。欧米でフェアトレード（公正貿易）運動が大きな広がりをみせてきたのも、こうした背景や潮流があったからこそであった。

## (4) 消費から投資の選択へ——成長する社会的責任投資

日本人は高い貯蓄率を誇っているが、貯蓄から投資へと向かうお金の使われ方について、その社会的な意味に対する認識は十分に育っているとは言えない。

　この点に関しては、欧米ではかねてから大きな関心の広がりとともに上記のような市民運動が展開されてきた。とくに消費者主権に関心が高い米国では、市民の立場から企業へ向けて社会・環境に対し責任ある行動をとるよう求める運動が社会的責任投資（SRI）として展開されており、また欧州諸国でも同様の動きやESG（環境・社会・ガバナンス）を重視する投資行動が推進されてきた。

　社会的責任投資の歴史は古く、当初は宗教団体による兵器産業への投資回避などとして行なわれてきた。米国で広く支持を得たのは、1970年代後半、南アフリカ共和国のアパルトヘイト（人種差別）政策反対運動の一環として、同国で事業を行なう企業に対する投資ボイコット運動からであった。マンデラ政権成立後、この運動は、環境、人権など多様な投資基準を掲げて幅広い展開をみせてきた。社会的責任投資での方法的戦略分野としては、投資対象の選別（ポートフォリオ・スクリーニング）、株主運動（シェアホルダー・アドボカシー）、地域投資（コミュニティ・インベストメント）などの3分野において展開されてきた。

　投資対象の選別は、社会・環境的観点からの基準で選別するもので、環境政策、環境調和型製品、人権・労働条件の重視、兵器産業の回避、動物の福祉重視、平等、地域投資などが考慮される。株主運動は、株主総会での提案権、議決権という株主の権利を行使して企業責任を問うもので、日本でも、水俣病裁判闘争におけるチッソ一株運動、原発反対運動における電力会社の株主運動などが行なわれてきた。コミュニティ投資は、地域開発銀行、貸付基金、信用組合、ベンチャー資本基金などを通じて、住宅建設、雇用創出などの事業をおこすとともに、国内及び途上国の貧困地域開発を支援するものである。

　企業活動を左右する投資への介入は重要である。市民の貯蓄や年金基金の運用に関して、その投資先を社会的な責任ないし社会や環境の改善につなげる運動は拡がりをみせており、近年それは国連を巻き込んで注目すべき動きとなっている。企業活動の社会的責任や持続可能性に関しては、上述のCEPやCERESの活動を継承してつくられたGRI（Global Reporting Initiative）という国際組織があり、企業活動を持続可能性から評価する報告書作成のガイドラインなどを公表して、一定の影響力を発揮してきた。そして近年では、国連とその周辺の動きとして国連グローバル・コンパクト（2000年）による「企業の社会的責任10原則」（表Ⅲ－2）やISO26000（国際標準化機構の社会的責任規格、

表Ⅲ－2　国連グローバル・コンパクト10原則

| 人権 | | 原則1：人権擁護の支持と尊重<br>原則2：人権侵害への非加担 |
|---|---|---|
| 労働 | | 原則3：組合結成と団体交渉権の実効化<br>原則4：強制労働の排除<br>原則5：児童労働の実効的な排除<br>原則6：雇用と職業の差別撤廃 |
| 環境 | | 原則7：環境問題の予防的アプローチ<br>原則8：環境に対する責任のイニシアティブ<br>原則9：環境にやさしい技術の開発と普及 |
| 腐敗防止 | | 原則10：強要・賄賂等の腐敗防止の取り組み |

注：国連の世界取り組み（2000）：世界的160ヵ国で1万3,000を超
　　える団体（企業が約8,300）が署名（2015年7月時点）
　　さらに責任投資原則（2006年〜）により、ESG（環境・社会・
　　ガバナンス）投資を促進
出所：グローバル・コンパクト・ネットワーク・ジャパンのサイトより
　　（注を加筆）http://ungcjn.org/gc/principles/index.html

2010年）の取り組みが注目される（第Ⅰ部参照）。

　こうしたグローバル・コンパクト、ビジネスと人権に関する国連フレームワーク（ラギー報告、2011年）、ISO26000、OECD多国籍企業行動指針（2011年改訂）など、一連の動きが形成されており、そうした潮流は第Ⅰ部22頁の図Ⅰ－4において示されている。さらにこれらの動きは、国連の新目標（SDGs）に準じてつくられたSDGコンパス2015「SDGsの企業行動指針―SDGsを企業はどう活用するか―」において、集約されたかたちで指針とガイドラインとしてまとめられている（SDG compass、25頁注4参照）。

　こうした資本へのコントロールの動きをみるかぎり、企業行動をよりサステナブルに導くための基本認識や道標が示され整備されてきていることがわかる。こうした枠組みを経済システムのなかにより強固に定着させる制度化をどう実現するか、今後の広がりと動向が注目される。

# 5　エコロジー思想の潮流からの変革

## (1)　エコロジー的危機と生産の自己拡大のゆくえ

　以上のような資本主義の修正ないし構造改革する方向での動きに対して、より根源的に資本の動態を批判的に分析し、変革をめざそうとする動きも模索されている。フランスのエコロジスト理論家、アンドレ・ゴルツ（1923 ～ 2007）は、すでに1980年代に資本主義の危機をダイナミックに分析し、ME（マイクロエレクトロニクス）革命や労働時間の短縮、賃金労働の廃絶といった長期的視野からの展望を提起している。当時の彼の主張は、今もほぼあてはまるラディカルな問題提起であることから、以下、私なりに解釈・整理して、現代産業社会（資本主義）の矛盾の考察として論じてみたい。

　彼は、現代産業社会（資本主義）の危機の基礎にエコロジー的危機があると次のように分析する。生産の拡大には必ず環境の破壊がともなう点について、枯渇性の資源・エネルギー利用を再生可能な資源へと転換する場合であっても、困難がともなう。生産拡大下での再生利用には、環境汚染・負荷の問題がさけられず（エントロピーの増大）、エコロジー的危機が不可避的に進行していくのである。その一方で進む巨大化した生産力（生産体制）は、人間労働を次々と機械によっておきかえていくことで、さまざまな矛盾をよりいっそう深刻化させていくのである。

　技術革新による生産力の拡大において、機械はますます大きな位置を占めていき（資本設備：資本の有機的構成の増大）、人間の労働は機械に従属した味気ない単純労働に解体され、主体性を失っていく。巨大な生産力は失業を生みだしながら、経済をより成長させていくが、エネルギー危機（1970年代）以降、資源、エネルギーの有限性（絶対的希少性）にぶつかり、資源価格の高騰が波状的におきることで技術革新を促しながらも経済的な危機を頻発させていくことになる。他方で、生産の拡大は地球的規模での環境破壊の危機を招きつつ、公害防止のための設備投資や資源再利用のための投資を促す一方、新たな資源開発への投資も増大させていく。そして、再び資源の有限性に直面して原料の高騰がもたらされると、製造・加工産業の利潤率は低下せざるをえず（もうけ

が少なくなる)、加工・生産部門はいっそうの技術革新を進めながら合理化を強め、生産力をより強化し拡大させていく。

巨額の資本投下(資本の過剰蓄積)が行なわれるなかで、資本の拡大(有機的構成)は極端に大きくなる。そして巨大化、高度化していく生産体制(資本)は、新たな技術革新と競争の前で、みずからを自分自身の力で再生産することが困難になっていく。すなわち、競争に勝ち残るため企業体は、資本の集中、提携、合併、買収を進めていく。それ以上に技術革新と産業再編の波を受けて、国家的な資金援助や研究開発、教育投資と連携していくような体制(産官学が一体化する国家体制、高度資本主義社会)が築かれていくのである。国家が産業を後押しし、産業が国家を後押しする、相互依存し合う社会体制の形成である。

こうした生産様式の社会では、人々の必要性が生産を促すのではなく、生産自体が自己目的化してしまい、自己拡大・自己革新する資本構成体(企業―商品社会)が人々の需要をつくりだす現象(ブーム:ファッションの創出など)を生じさせていく。需要を喚起し、購買力を誘導するために、莫大な費用(宣伝・広告費)が投入されていくのである。生産(資本)側からの一方的押しつけも、消費者の意識を生産側が誘導できている間は問題ないが、不必要なものを必要とさせていく構造はどこかで無理を生じさせる。移ろいやすい消費者の動向は、消費の多様化や消費離れ、「分衆」や「少衆」という言葉で語られたり、大衆消費社会の不確定・不安定な状況として、生産者(買わせる側)が消費者の意識をつかみにくい(商品が売れない)事態が出現していく。

## (2) ベーシック・インカム(基本所得補償)が生まれる必然

ゴルツは、大衆消費社会とエコロジー的危機の深化の先に、「資本の過剰蓄積の危機」と「資本の再生産の危機」を展望する。そしてその先に、資本主義がさらなる脱皮と変身をくり返しながら危機の打開をはかっていく姿をとらえていく。産業社会の進展は、公共投資を拡大するなかで生産基盤(インフラストラクチャー)を整備し、消費者の需要を高いレベルに引きあげるために、保健衛生や医療、教育、福祉や社会保障の普及と充実化をはかってきた。そうした生活水準の向上によって市場拡大はある程度進むが、それも飽和状態に近づくことで、売るための費用(宣伝・デザイン・マーケティングのコスト)はより膨

大にふくれあがっていく。そして、新たな需要と消費者をつくりだすためのサービス産業分野がさらに拡大していく（高度情報化・サービス化社会）。

こうしたサービス産業化の進展によって、これまでは個人と個人、家族や隣人、共同体的なつき合いの下で非商品的な関係にあったものを産業化させていくことになり、これまで公共的・社会的費用でまかなわれていたものまでが商品関係のなかに置きかえられていく。いわゆる規制緩和、民営化の政策が押し進められていくのである。行政改革、医療制度・教育制度改革、公的福祉部門の民営化、国鉄・郵政をはじめとする民営化（私企業化）路線はそうした動きの現われである。

先進諸国では、かつての重化学工業などのハードな生産部門から、金融や通信、ファッションやデザイン、外食・観光産業から各種メディアやエンターテイメント産業まで、情報関連にウェイトをおくサービス部門へと急速に移行してきた。今日の資本主義は、情報機器を生産・消費する以上に、情報ソフトや関連サービスを生産・消費していく高度情報化社会となった。さらにビッグデータ自体を活用して需要を喚起する、資本自体が情報と一体化していく情報資本主義の時代を迎えたと見ることもできる。現代資本主義は、物的な生産拡大を土台にしつつ、高度情報化・サービス化社会へと発展してきたのである。資本の拡大増殖の動きとして、グローバル化した資本は安い労働力や資源をもとめて素材産業あるいは重化学工業を第三世界へ移転する。その一方で国内産業は技術革新によりオートメーション化あるいはロボット工場へと脱皮していく。

技術革新による生産部門のオートメーション化について、ゴルツは労働者を減らしていく（失業）とともに潜在的な買い手（消費者）をも減らしていく矛盾としてとらえる。そこでは労働の二極分解が進んでいく。いわゆる高賃金と安定した地位を確保する産業の中枢部を担う少数のエリート労働者をつくりだす一方、失業ないし半失業、あるいは不安定雇用（パートや非正規雇用）に甘んじる人々や、労働に執着をもたない人々（非労働者、非階級）を多数生みだしていく。そして商品の量が全体とし増大するなかで、もし広範な購買力が形成できなくなれば、過剰生産恐慌（物が売れなくなる）の危機に直面する。いわゆるデフレ現象（価格低下）に陥る状況について、ゴルツはいち早く予想していたのであった。

　危機を回避するには、大きくは2つの選択肢に分かれる。大量生産—大量消費の循環を縮小させて高価格商品生産とそれを購入できる高所持者に的をしぼっていく階級的解決（途上国の多くにみられる支配階層・富者と大衆・貧者との分断化）の道をとるか、職業や労働とは無関係に一定の収入を保証して購買力の維持をはかる道をとるか、である。北欧やフランスなどヨーロッパ諸国では、後者の選択がとられているという認識のもとに、ゴルツは「就労とは無関係に所得を得る権利」いわゆるベーシック・インカム（基本所得補償）の考え方を主張したのだった。高度・産業社会のオートメーション化された生産過程においては、個人個人の労働とか労働時間が価値を生みだす評価基準（富の主要な源泉）とはならず、人々は一定の社会的賃金（生涯保障所得）を受けとる「消費する権利」を主張できるというのである。このような資本主義の分析と将来予測の主張は、今日あらためて再評価され始めている。

## （3）対抗経済・対抗社会の形成

　ゴルツを代表とするエコロジー思想の潮流は、現代資本主義社会をテクノロジーが高度に発達した生産力拡大社会ととらえる。この生産力拡大主義が、上からの強制力（権力）として個々人を支配し抑圧していく矛盾、管理・支配—従属・被支配の関係が形成されるととらえる。成長経済あるいは生産力主義の進行によって、一方では労働を細分化し、労働の意味（働きがい）を喪失させ、労働の質の低下を招いていく。他方では、国際分業が促進されていく結果、先進国と途上国を巻き込んで物的・人的資源の支配・収奪構造がつくりあげられていく。

　こうした事態に対抗する彼らエコロジー派の主張は、国有化や国家による管理・強化では権力の集中を促すだけだとして、権力を個人や集団のレベルに取り戻す分権・自立化運動においてこそ人間としての自己実現と解放が展望できると考える。そのために、科学やテクノロジーや生産過程の変革、労働の質の問い直し、生活の質（ライフスタイル）の変革までを含めた社会や経済のあるべき姿を構想しようとするのである。

　原子力発電に象徴されるように高度な巨大テクノロジーが、資本の力を集中させ、政治的な権力を少数のテクノクラートに集中させるのに対し（テクノファシズム）、市民レベルで管理できるソフトテクノロジー、適正技術の重視（テク

ノロジーの民主・平等化）を主張する。そのためには、生産者と消費者の分離の克服（非市場化や提携・協同性の重視）、地域の自立性の回復（自治と分権化）という方向性をかかげる。そこでは、地域の自立的発展を基礎とすることで、経済的従属関係を国内でも国際的にも生まないように貿易のあり方にも配慮していくことになる（貿易の適正化、フェアトレードの重視など）。実際の巨大化した生産力と経済システムに対して、どのようなプロセスでこうした理想を実現させることができるか、その可能性については課題が多いが、エコロジー思想の潮流をふまえた上で展望すると、次のような方向性が提起できるように思われる。

　グローバルに生産力が拡大し、資本が多国籍化するなかで、失業や貧困問題が深刻化し、労働の非人間化が進む。そこにおいて脱労働化現象（就労拒否）や対抗経済が形成されていく可能性が生まれる。すなわち、仕事と労働の場を集権的な力（資本）に支配されるのではなく、自分たち自身の手で管理し組織していくさまざまな対抗的な動き（自主的事業体・活動）が、多方面で成立する可能性が生まれるのである（資本による市民支配から、市民による資本支配へ）。そうした試みは、次のような特徴をもって展開すると思われる。

　①自主管理と民主主義に基づく参加型事業体の形成（社会的企業、NPO、協同組合等）

　②私的所有に偏重しない共同所有、私益追求ではないコミュニティや社会的な公共性の重視

　③地球生態系を考えたエコロジーやコモンズの重視、適正技術の尊重と普及

　④世代、人種、障がい者、技能者が多様に組み合わされる組織の編成

　⑤社会的弱者を尊重する新しいタイプの事業（仕事）組織の形成

　そこでは、公、共、私の領域のバランス形成の上で、人間らしい生活や労働の実現、自治・自立的地域社会（FEC自給ネットワーク等）の形成がめざされる。市場経済のみに偏重しない経済社会の特徴として、各種協同組合の組織化や協同労働（ワーカーズ・コープ、コレクティブ）の形成、商品化されずに自立化を促すライフスタイルや価値観の推進、地域通貨の活用、非市場的な経済関係としての近隣・コミュニティにおける相互扶助、バーター（直接交換）やシェア（共有）的関係が重視される。グローバル化、広域経済化、利潤の拡大（資本の自

己増殖）に傾斜しすぎない社会形成として、地域内・コミュニティ内での経済活動（顔の見える経済）などを重視する経済の適正化の動きが展望できるのではなかろうか。最近注目され出しているシェアリング・エコノミーなどの動きも、一面ではそのような兆候を体現した動きと見てよかろう。

　以上は大まかな整理だが、エコロジーの思想的潮流を現代にあてはめて再構成したものである。こうした問題認識や展望については今こそ再検討すべきであり、継承・発展すべき論点が多く含まれるのではなかろうか。現実世界の動きについては、こうした見通しとは大きく外れ、矛盾克服の展開が十分には進まなかった。1980年代当時は、まだ冷戦構造のなかで東西陣営の対立があり、社会主義や社会民主主義的な勢力が資本主義の矛盾への対抗軸的な位置を保っていた時代であった。しかし、その後の時代潮流は社会主義体制の自壊や新自由主義の隆盛など、当時の現状認識をはるかに超える動きをみせてきたのだった。とりわけ注目すべき動向は、市場（競争）原理を前面に掲げた新自由主義的展開がグローバル経済の進展とともに急速に進んだことである。その結果として、エコロジー的危機（地球環境問題）の進行は止まらず、貧富の格差は内外で急拡大し、非人間的な労働の広がりをはじめとして現代社会の不安定化が、極限にまで進行したのであった。

## （4）文明的転換の方向性

　今あらためて社会の変革方向を考察するならば、これからの資本主義のゆくえと将来展望については、次のように考えられるのではなかろうか。危機的状況を転機とするという意味で、今日の資本主義的な競争・成長型経済がこのまま永続すると考えるよりは、内外とも行き詰まりを迎えているととらえる視点に立つことは重要である。

　近年の世界経済の不安定化とバブル経済の動向については、前述したように金融資本主義的な膨張を起因としており、いわゆる生活に密着した実体経済「生活経済」と金融を操って富の拡大（もうけ）をめざす「マネー経済」の離反現象として特徴づけることができる。端的に言って、より利益を生みだすことに駆り立てられ、経済（市場）規模の拡大をめざさざるをえない仕組みのなかで、この成長・拡大の連鎖的運動が調整を迫られている。それは社会の外側では資

源や環境の限界にぶつかり（環境的不適正）、内側では格差と不平等、生活・精神面での歪みとしてストレス増大、いじめ、自閉、暴力、生きがいの喪失など（社会的不安・不公正）を生じさせてきたのである。

　すなわちサステナビリティ（持続可能性）を実現する持続可能な社会としては、競争一辺倒の経済や無限成長・拡大型システムではなく、脱成長と相互協調・調整を志向するシステムへの移行による軌道修正が必要なのである。偏在化する富と個人的な物的消費を煽る拡大・膨張型の資本主義経済は適正規模を逸脱して調整局面を迎えている。すなわち、利己的な自己実現社会から環境的適正と社会的公正を重視する利他的価値の実現へとパラダイム（大きな枠組み）のシフトが始まりつつある。従来のような単一の価値基準（狭義の経済価値）による切り捨て（モノカルチャー社会）ではなく、多様性を尊重する脱成長型の共生社会の形成が新たな目標として浮上してきているのである。

　文明パラダイム転換の視点から単純化して表現するならば、以下のように提起してもよいだろう。かつては、中世までの世界にみられた自然資源の限界性のなかで循環をベースにしたそれなりの持続型社会が存続していたのだが、とくに産業革命以降に非循環的な収奪と自然破壊を加速化する現代文明に置きかえられ、今日の世界に至ったのだった。その現代文明が、地球規模で再び持続可能性の壁に直面することとなり、新たな循環・持続型文明の形成を迫られているのである。その意味では、1992年の地球サミットにおいて成立した2つの国際環境条約（気候変動条約、生物多様性条約）は、現代文明の大転換（化石燃料文明から生命文明へ）をリードすべく生み出された双子の条約と位置づけられる。再度強調したいが、これまでの"化石燃料文明"（非循環的な使い捨て社会）が、気候変動条約によって終止符ないし転換を迫られている。他方の生物多様性条約は、生命循環を基礎とする自然との共生をめざす"生命文明"の再構築（永続的な再生産に基づく共生社会）のための条約と位置づけられるのである。

　これまでの経済システムの拡大・膨張（資本の自己増殖）は、外なる環境制約の下で次第に調整局面にはいってきた。資本そのものを自然の制約下に置くとともに、環境的適正さを配慮する法規制や制度枠組みの重要性が認識され制度化されてきたことは重要である。それは、生産システムを支える消費行動か

ら投資行動まで環境的配慮が求められる動きとして顕在化している。グローバル化が進展する世界経済においては、気候変動条約や生物多様性条約をはじめとした各種国際環境条約によって大枠がはめられてきた状況下（環境レジーム形成）で、資本の動向を規制する一連の動きが形づくられつつある。そこでは、地球市民的な意識形成と環境・開発・人権などの社会的影響力（人権・福祉レジーム形成）が大きな推進力となったのだった。

　他方、経済の生産活動が生みだす利潤の分配においても社会的公正への配慮が求められる時代を迎えている。だが、これまでは国家体制の下でのみ所得の再配分や労働条件の整備などが行なわれ、各国内での社会的公正として追及されてきた経緯があった。グローバル化の進展でその枠組みが弱体化してきたのである。とくに新自由主義の隆盛によって、たとえば労働組合組織は縮小や解体を余儀なくされ、規制緩和と市場（自由貿易）拡大が最優先されてきた。国際的には、人権に関する多国間条約である国際人権規約（社会権規約、自由権規約）や国際労働条約（ILO総会で採択）などが定められてきたが、十分には機能しなかった。また各国の税制度が弱体化し、一部に租税条約（二重課税と脱税の回避）もあったが消極的な動きでしか進まなかった。すでにふれたとおり、貧困・格差が拡大し租税回避（タックス・ヘイブン）などの問題が深刻化している今日、グローバルな社会的公正を実現していく枠組み（社会・人権レジーム）づくりと諸制度の形成が急務となっている。当面はこのような制度形成が世界的に定着していく流れに期待したい。そうした展望に立った上でSDGsが活用されるのであれば、世界は変革に向かって進んでいくことだろう。

# 6　社会経済システムの再構築
## ──「公」「共」「私」が共存する社会

### (1) システム・パラダイムの転換へ

　本書の冒頭で、SDGsを含む2030アジェンダには「我々の世界を変革する」とのまくら言葉があるが、その中身と社会変革については明確に示していな点を指摘した。その点について、以下ではもう一歩ふみ込んで私見を述べること

にしたい。これまで述べてきたように、人間存在を支えるために築かれてきた巨大システム構造は大きな調整局面にさしかかっており、それは社会経済システムの組み直しというレベルにまで至らざるをえない。とくに今日の世界経済は、高度な市場経済システムを土台に編成されている。この市場経済システムの矛盾を批判的に考察するにあたって、経済史的にみたときに、第Ⅲ部［2］で紹介したK.ポラニーが提示した経済システムの3類型に立ち戻って考える必要がある。

　3つの類型とは、互酬、再分配、交換である。とくに交換システムは、近代世界以降の市場経済の世界化（グローバリゼーション）において肥大化をとげており、諸矛盾を深化させてきた。現行の市場システムの改良ないし改善という方向性（グリーン・ニューディール、グリーンエコノミーなど）の意義は大きいが、将来的により重視すべき方向とは3類型を今日の社会経済システムにあてはめて、システムの根幹を再構築するという視点が重要ではなかろうか。

　すなわち、資源・環境・公正の制約下で持続可能性が確保されるためには、新たな社会経済システムの再編が「3つのセクター」のバランス形成、「公」「共」「私」の3つの社会経済システム（セクター）の混合的・相互共創的な発展形態として展望できると思われる。ここでは、機能面に注目した言葉としてはシステムを、社会領域に注目した言葉としてセクターを使用している。

　K.ポラニーの3類型との関係性としては、市場交換を土台として「私」セクターが存在し、再分配の機能を土台として「公」セクター、互酬の機能を土台として「共」セクターが存在しているととらえられる。実際の社会では、3類型の諸要素は重なり合って存在している面があるので、あくまでも理念としての提示であり、3つのシステムの相互関係を図示したものが（図Ⅲ－10）である。

　とくに第1の市場経済（自由・競争）を基にした「私」セクターや、第2の計画経済（統制・管理）を基にした「公」セクターが肥大化してきた現代社会に対して、第3のシステムを特徴づける協同的メカニズム（自治・参加）を基にした「共」セクターの展開こそが、今後の社会編成において大きな役割を担うと考えられる。資本主義経済との関係では、3セクターのバランス形成によって、資本の無制約な拡大増殖（「私」セクター）に偏重しない社会のあり方が示唆されるのである。

　脱成長型の持続可能な社会が安定的に実現するためには、利潤動機に基づく

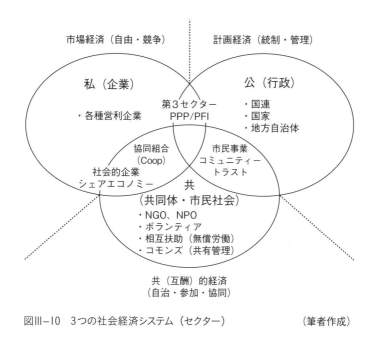

図Ⅲ–10　3つの社会経済システム（セクター）　　　　　（筆者作成）

市場経済や政治権力的な統制だけでは十分に展開せず、市民参加型の自治的な協同社会の強化によって可能となると思われる。それは、地域レベルの共有財産（コモンズ）、コミュニティ形成、福祉、公共財、地域・都市づくりなどの共同運営において力を発揮するだろう。さらに世界レベルでは環境に関わる国境調整、大気、海洋、生物多様性などグローバルコモンズの共有管理においても有効であろう。SDGsとの関係では、ゴール16（平和・公正・制度）とゴール17（実施手段・パートナーシップ）と密接に関係しており、市民的参加や各種パートナーシップ形成として重要な役割をはたすと考えられる。その他、廃棄物処理、軍縮・平和維持、社会保障・人権・広義の安全保障などの対応策に関しても同様である。

　行政セクターや私企業の営利活動のみで財やサービスが提供される時代から、公と私の中間域に位置する活動領域が徐々に広がりつつある。とくに近年、「社会的連帯経済」（協同組合、NPO、社会的企業など）の事業展開が世界的に広がりつつある状況は、第Ⅲ部をとおして紹介してきたとおりである。関連した動

きとして、第Ⅱ部で詳述したように、有機農業運動における産消提携なども、市場経済の矛盾への対抗的な（非市場的）活動の事例として注目すべき展開である。その他、成熟社会の進展のなかで各種ボランタリーな活動がさまざまな分野で活性化し始めている動きに注目したい。

## (2) 3つのセクターの特徴と相互調整

　ここであらためて、上記の3つのセクターという図式をふまえて、「共」セクターの長所と短所やセクター相互の調整関係を検討していく必要があるだろう。それに関して、3つのセクターの特徴を、経済原理と政治原理によって便宜的に特徴づけると、表Ⅲ-3のようになる。「私」と「公」の中間領域に位置する「共」セクターは、場合によっては狭い集団的な共益追求に落ち込みやすい側面ももっている。また互酬（贈与、相互扶助）の関係でも、支配や不平等や格差が生じる場合があり、市場経済がもつ平等性の特徴とバランスをとる必要があるだろう。いずれにせよ、そこに開かれた市民社会形成の内実が問われることになり、ガバナンス（統治）やアカウンタビリティ（説明責任）などを確立することが求められる。

　持続可能な発展と地球市民的なグローバルな民主的公共性を実現していくためには、「市場の失敗」や「政府の失敗」を越えた広義の公・共益性を担う主体としての「共」領域を拡充する意義は大きい。3つのセクターのダイナミックな展開が、経済領域、政治領域を含みこんで変革していく方向の先に、持続可能な社会への道が拓かれていくのである。SDGs時代がどう展開していくか、今後の動向を注意深く見守っていきたい。[5]

表Ⅲ-3　3つのセクターの編成原理の比較

|  | 「私」セクター | 「共」セクター | 「公」セクター |
|---|---|---|---|
| 経済原理 | 私益追求<br>資本拡大増殖<br>私有財（市場財を含む） | 共益追求<br>資本制約<br>共有財（無償財を含む） | 公益追求<br>資本統制<br>公共財（政治財にもなる） |
| 政治原理 | 自由（対立的要素）<br>競争（個人的利害）<br>排他（格差） | 協力（自律的要素）<br>共生（集団的利害）<br>協調 | 平等（従属的要素）<br>統制（全体的利害）<br>統一（支配） |

## 注

1) 古沢広祐『共生社会の論理』学陽書房、1988年、199頁、226頁
2) 米国の総負債額は、America's Total Debt Report から引用した。
   掲載サイト：http://grandfather-economic-report.com/debt-nat.htm
   関連する情報としては、日本経済新聞社編『大収縮　検証・グローバル危機』(2009)
   での記載（膨大な「負債のバブル」p.29）が参考になる
3) Global Justice Now と関連サイト：
   https://www.globaljustice.org.uk/sites/default/files/files/resources/corporations_
   vs_governments_final.pdf
   Who is more powerful - states or corporations?　July 11, 2018
   https://theconversation.com/who-is-more-powerful-states-or-corporations-99616
4) 記事はオックスファム・ジャパンのサイトにて参照できる。
   http://oxfam.jp/news/cat/press/post_666.html
   原文は Oxfam Briefing Paper "An Economy For the 1%"　以下のサイトにて参照
   できる。http://oxf.am/Znhx
5) 第III部 [4] は、以下の論考をもとに大幅修正してまとめている。
   古沢広祐「資本主義のゆくえと環境・持続可能な社会—社会経済システムの変革と「公」
   「共」「私」の再編」『国学院経済学』第65巻第2号、国学院経済学会、2017年

## 参考文献

アンドレ・ゴルツ『エコロジスト宣言』高橋武智訳、緑風出版、1983年。同『労働のメ
　タモルフォーズ』真下俊樹訳、緑風出版、1997年
石塚秀雄「非営利・協同セクターとはなにか—期待される共同のシステム」『人権21・調
　査と研究』2010/2、おかやま人権研究センター、2010年
カール・ポラニー：Karl Polanyi（原書1944）、The Great Transformation. 邦訳『大
　転換——市場社会の形成と崩壊』吉沢英成・野口建彦・長尾史郎・杉村芳美訳、東
　洋経済新報社、1975年／新訳版、野口建彦・栖原学訳、2009年
勝俣誠、マルク・アンベール編著『脱成長の道』コモンズ、2011年
環境と開発に関する世界委員会『地球の未来を守るために』大来佐武郎監・環境庁訳、
　ベネッセコーポレーション、1987年、原書：Our Common Future（1987）、Oxford:
　Oxford University Press.
志賀櫻『タックス・ヘイブン——逃げていく税金』岩波新書、2013年
セルジュ・ラトゥーシュ『経済成長なき社会発展は可能か?』中野佳裕訳、作品社、2010年
デヴィッド・ハーヴェイ『資本の〈謎〉世界金融恐慌と21世紀資本主義』作品社、2012年
トマ・ピケティ『21世紀の資本』山形浩生・守岡桜・森本正史訳、みすず書房、2014年
古沢広祐「持続可能な発展——統合的視野とトータルビジョンを求めて」植田和弘・森
　田恒幸編『環境政策の基礎・環境経済・政策学3』岩波書店、2003年
古沢広祐『エシカルに暮らすための12条——地球市民として生きる知恵』週刊金曜日、
　kindle電子版、2019年

水口 剛 『責任ある投資──資金の流れで未来を変える』 岩波書店、 2013年

見田宗介 『現代社会の理論』 岩波書店、 1996年

見田宗介 『社会学入門』 岩波書店、 2006年

リチャード・マーフィー、 鬼澤忍訳 『ダーティ・シークレット─タックス・ヘイブンが経済
　を破壊する』 岩波書店、 2017年

# 終章

## 自然界における人間の未来
### ──人新世（アントロポセン）、SDGsを実現する世界

## 1　人間という存在への問い

　これまで、持続可能な社会はどのようにして可能になるか、社会・経済のあり方を環境レジームの展開と社会経済システムの再編成という中・長期的な視点から論じた。終章では、視野をさらに拡張して巨視的視点から、人間存在における発展とは何かについて、多少とも哲学的・思想的な意味合いから考察を試みたい。未曽有の発展と繁栄を謳歌している人類だが、私たちはその存在基盤を自ら突き崩しつつあると思えてならないからである。（以下、用語の使いわけで、個々の存在を意識する際は「人間」を、集団ないし全体として考える場合は「人類」を使用する）。

　アフリカを起源に人類は、ゆっくりとした歩みのなかで地球の各地に分散した。地域的な諸文化や広域にまたがる諸文明を形成しつつ、大航海時代（15世紀）後、私たちは再び一体化（統合化）を強めて今日に至っている。20世紀以降、人類の活動領域は地球外の宇宙にまで広がり出している。こうした人類の大繁栄の反面では、地球の生物種の多くが絶滅し、気候の大変動を引きおこすなど、存在基盤そのものを揺るがしている。日常の世界を見ると、安定した世界の一方で利害対立や民族対立を生むような不安状態を生じている。

　他方、自分と世界を宇宙的な視野からとらえ直すことで、今の世界が非常に狭い部分でしかないことが自覚できる時代を迎えている。自らの存在を相対化することで、世界が刷新される可能性（新たな世界認識）を手にしつつあるかもしれない。人類がどういった歩みのなかで現在に至ったか、歴史的経緯をふ

まえた存在理由について、マクロ的視点から宇宙スケールで認識し直す枠組みを見出せるかもしれない。

　その意味では、人間存在への問いかけが、いまほど重い意味を帯びた時代はない。たいへんに大きな問題だが、人類の発展や未来の世界を考えるには避けては通れない論点である。地球史の上でもまれにみる大繁栄をとげた人類は、生物的な進化段階から独自の発展段階として、言語能力や貨幣による交換様式を生み出すことで、単なる生物集団以上の超有機的な構成体とでも表現すべき発展状況を出現させている。この独特の存在様式への問い直しを抜きにして人間社会の未来については語れないと思われる。

　物質・エネルギーの起源から人間社会、生物界、地球、宇宙の巨大構造までを認知し始めた人類は、その認知能力とともに操作対象を自然の仕組みや生命の設計図（DNA）にまで拡張している。気候変動に対する気候システムを管理し操作する（ジオエンジニアリング）研究から、遺伝子操作（ゲノム編集）・合成生物学までを隆盛させており、ロボット技術や人工知能の開発によって近未来に今の人類の能力をはるかに超える存在（ポストヒューマン）の出現さえ論じられだしている。

　私たちがいま新しく認識できる世界は、素粒子の世界から宇宙まで含めた世界の全領域に広がってきた。最新の宇宙論のなかでも哲学的な問いが浮上し、世界とは何か、あらためて自分たちの存在の意味が、根源的に問われだしている（世界を認識する主体としての「人間原理」という見方）。自分たちの存在を自ら問いかけて認識する行為、それは自己発見と世界認識（宇宙における人間の認知世界の構築）ということなのだが、私たちにとってそれがどんな意味をもつのか、深く問いかけられている。たいへんに大きなテーマであり、ある意味では人間の発展に対する根源的問いでもある。ここではエッセイ風の素描ということで、多少大胆ではあるが人間社会の未来展望について述べてみたい。

　基本的な認識としては、いわゆる外的な世界（客観的世界）への認識の深まりによって、私たち人間は認知した対象を操作し操ることで個的な存在を超える巨大な社会的編成体を創り出してきた。そうした存在様式への深い洞察、それは矛盾を内在させている不可思議な存在であり、それを生成・形成している人間自体への考察が必要だということである。最近、功利主義的で操作主義的

な世界観として、実利的な科学技術やイノベーションへの過度の期待によって楽観的な未来ビジョンを描く風潮がみられる。だが、それは人間存在に関する表面的な理解の上に立つ、自己という存在への上滑りの近視眼的な見方ではなかろうか。

## 2　外向的発展と内向的発展の歪み

　現実問題に目を向ければ、目の前で進行する動きとしては、急速な「繁栄と発展」において私たちは、地球環境問題を筆頭に自己の存在基盤を突き崩していく事態をひきおこしている。自分たちの存在への根源的な理解がないまま、自身がこの世界で存続できなくなる事態を引きおこす状況、こうしたことが自己存在への認識の困難さを象徴している具体例である。

　人類としての活動の拡張は、手足の延長（道具・機械）、頭脳の延長（情報系）、大地の延長（自然改良）として特徴づけられる。人間とは、時空をまたいで世界を認知し、関与し、改変し、そこに集合的な組織と人為的構成体としての人間社会（政治・経済・文化複合体）を創り出してきた。しかし世界を対象化し、関与し、操作することは、自分自身をも操作対象としていくことに通じる。既述したように、人間が野生生物を家畜や作物として囲い込んで飼いならしてきた動きに対比するならば、それは集団的に自己自身を囲い込んで飼いならしていく「自己家畜化」現象とでも言うべき動きとしてとらえることができる。

　人類は長い進化の道を歩みながら、自己と世界を見出し、編成し、さまざまな姿に構築してきた。その歴史や社会をふり返ると、認知能力を外的関与の力として拡大させながら、不安定で不確定な存在を何とか安定化させる道を歩んできたかにみえる。しかしながら、改変する力をより強化（外向的発展）してきた反面で、不安定で脆弱な存在である自己のあり方の限界性に向き合うこと（内向的発展）ができていないのが実態ではなかろうか。

　具体的に、人類が直面している諸問題（課題）を大きく集約してみると、すでに第Ⅲ部でふれたように4つの課題としてまとめることができる。再度ここに示しておこう。第1は、私たちの生存を基本的に支えている"生存環境の危機"。第2は、私たちの生活を支えている経済システムがはらむ矛盾すなわち"経済

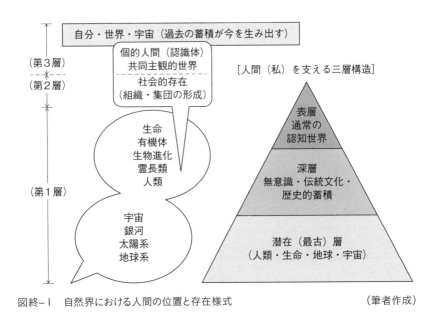

図終-1　自然界における人間の位置と存在様式　　　　　　　　　（筆者作成）

的危機"。第3は、社会組織の高度化にともなって生じてきた一種のヒエラルキー化と管理化がもたらす"社会編成の危機"。第4は、現代人の精神世界の稀薄化と人間性の疎外に関わる"精神的（実存的）危機"である。それぞれは相互に深く結びついている。

　4つの課題提示は、3つに整理したほうが全体像としては理解しやすい。すなわち、上記の第2と第3は、人間がつくる社会構成体に関する問題としてまとめられる。社会的存在としての矛盾であり、そこに経済関係の形成と社会組織の編制の2側面があるということである。2つをまとめるとわかりやすいのだが、実社会では経済的側面と政治的側面として原理的には別の枠組み構造をもつ点を留意しておきたい。まとめた3つのレベルで問題提示しなおすと、①生存環境の危機、②社会編成の危機、③実存的危機の3つとなる。

　この3つの問題レベルと連動させて、自然界における人間の位置と存在様式を整理すると、やはり3つの構成レベルで人間存在をとらえることができる。人間にとっての世界という存在が、図終－1のように示すことができるので、詳しく見ていこう。

# 3　宇宙における人間存在の3層構造

　この図においては、3つのレベル（次元）で人間の存在様式が、空間的、時間的なイメージを加味して提示されている。

　私（人間）が今ここに存在している（個的存在）のは、第1層として、生物として物理的に存在する地球・宇宙のなかでの存在として基礎づけられている（生物的・物質的存在）。その上に第2層として、社会経済的な関係性の上に生活と社会活動を維持し構成している（集団的・社会的存在）。さらに第3層として、こうした組み立ての上に（教育や文化によって）意識が形成され世界認識がある。すなわち簡潔に表現すれば、①生物・物理化学的存在（いわゆる客観的とされる存在）、②人間集団としての構成体（独自の秩序形成としての社会・経済・政治）としての存在、③私としての存在、すなわち個々人が主観的世界をもちつつ世界を共有して創りあげている（共同主観的世界、環境世界）、共通の人間世界・心的認識構造、文化・心象的な実存的存在である（図終－1の左側参照）。

　単純化したイメージ図ではあるが、読みとり方は重要である。私たちの存在様式としては、生物的・物的存在の基盤（客観世界）の上に、社会的存在としての人間集団とその構成体の一角において私たち一人ひとりがいて、それはまた、共同主観的世界として共時的に構成・共有したものとして世界が形成されていること、その上に私と世界が成り立っていることを、図は示している。「われ思う、故にわれあり」（デカルト）はよく引用される言葉で、さまざまに解釈されるが、世界はわれわれの認識において成立しているという解釈も成り立つ。この認識世界は、あくまで個人の主観的認識世界において構成され唯一無二の絶対的な存在なのであるが（個としての尊厳性）、それ自体が悠久の歴史的蓄積の上に形成されている通時的存在（個のなかに全を含む）でもある。自ら（主体）が働きかけ、創り出している世界（関係性の総体、客体であるとともにある意味で観念的世界でもある）に、自らが逆に組み込まれている存在様式である。つまり、主体・客体の無限連鎖系、そこに個ならびに群としてより高次の相関系を形成している存在形態であることを基本認識としておきたい。

　宇宙とは、中国の古典（淮南子）に由来する言葉だが、宇とは空間を意味し、宙は時間を意味している。その宇宙自体を人間が認識して構築しているという、

人間存在のあり方を考える手がかりとしていただきたい。

　この3層において、人間という存在を位置づけることで、重層的な存在様式をある程度イメージしやすいのではなかろうか。各層は相互関係をもちつつ、領域ごとで独自の秩序形成（構成原理・法則性）が貫かれている。各領域（3層のレベル）は、時間軸と空間軸において階層性があり大きな断絶（次元の差）をともなっている。世界の理解は、対象や分析において、どの領域の問題をどんな視点でとらえているか、慎重に意識し理解する必要がある。

　かなり抽象的で難しい説明になったが、シンプルな三角形の図で考えるとわかりやすいかもしれない（図終－1の右側）。人間のあり方には、表層としての日常生活（個的存在）があるが（三角形の最上部）、その底層に潜在的な層として歴史・文化的蓄積が隠れている（中層）。そのことを意識するのは、大災害などで存在が大きく揺らぐ事態においてであり、底層に隠れていた潜在部分が歴史的共同意識として表出してくることがある。たとえば東日本大震災からの復興過程で、地域コミュニティの再生に寄与したのが東北三陸地域に引き継がれてきた祭事や郷土芸能がもつ力であった。個的な存在の揺らぎに際して、歴史・伝統・文化的な蓄積が甦えってくる場面としては、郷土愛、ナショナリズム、時には宗教的共同意識などとしても立ち現われてくる。

　そしてさらに奥深い底層には、悠久の生命世界や宇宙的存在が隠れている（最下層）。それは見えにくく意識し難いものだが、ユング心理学などでは曼荼羅のイメージとして想起されたりする。私たちの存在について、このような根源的な認識（三層構造）を自覚することは、日常世界での近視眼的な狭い見方を脱却する契機となり、分断や差別、敵対を超える共生・共存社会の展望を導く可能性を秘めている。私たちが生きる世界（1世代）を、超世代的視野（人類史から宇宙史的な視野）でとらえ直すことで、目先の利害対立を相対化し、共に生きる世界を大きな視野から再構成していく世界観の形成につながるのである。

「世界がぜんたい幸福にならないうちは　個人の幸福はあり得ない」（宮沢賢治『農民芸術概論綱要』）という言葉のように、誰かの不幸を前提とするような状態や自分一人だけが幸せな世界は成り立たない。しかし、人の世界には共感・協調だけでなく、競争心、優越感、ねたみ、差別意識などがともないがちである。長い人類の歴史をふり返ると、生存競争のレベルをこえた激しい敵対や抗争が

くり返されてきた。内戦や国をあげての戦争、大量殺戮（ジェノサイト）に至るまで、無数の争いがおき、今も各地でこうした事態は起きている。多数の兵器が存在し、人類を幾度でも全滅させうる核兵器まで生み出して、手放すことができないのが今の人間世界の現実でもある。

『農民芸術概論綱要』のなかで続いて記されているのが次の言葉である。

「自我の意識は　個人から集団 社会 宇宙と次第に進化する……（中略）……新たな時代は　世界が一の意識になり生物となる方向にある。正しく強く生きるとは　銀河系を自らの中に意識してこれに応じて行くことである……（後略）……」

宮沢賢治はこのような言葉を残して、1933年に逝去した。そしてこの年に、日本政府は国際連盟を脱退し、戦争へと向かう歴史の道を歩んでいった。彼が希求した、世界の皆が幸せに向かう道は、歴史上いくたびも裏切られてきたのである。だが、2030アジェンダはその理想を再び私たちに問いかけている。この理想をどう実現するか、自我の意識が宇宙を意識し始めた現代だからこそ、あらためてその意味を問い直したい。

# 4　人新世（アントロポセン）の時代
## ——ホモ・サピエンスとホモ・デウス

自己認識という点では、人間という存在は矛盾含みの存在であり、大きな可能性と不安定性を合わせもつ。その特性（可変的・自己創造的存在）をふまえて、さらなる未来展望について論じることで本書を閉じることにしたい。

その手がかりとしては、地質年代の名称で論点になっている人新世（アントロポセン）[1] をめぐる議論、最近話題となったユヴァル・ノア・ハラリ（以下、Y. N. ハラリと略）著『サピエンス全史』と続編の『ホモ・デウス』とをとりあげ、批判的に検討しつつ人間存在のとらえ方とその未来について考察しよう。

人新世（Anthropocene）という言葉は、オゾンホールの研究でノーベル化学賞を受賞したパウル・クルッツェン（Paul Crutzen）が2002年に新造語として提唱したもので、環境問題や人類文明を論じる際のキーワードとして最近さまざまな場面において多用されている。1万1,700年前に始まった新生代第四紀完新世の時代から、現生人類（ホモ・サピエンス）の活動によって急激な変化が

地質年代的にも引きおこされている状況への問題提起であった。地球史的な地質年代のスケールでも、人類という存在とその活動が顕著に影響力を与えている結果をふまえた動きである。ただし、新用語が地球の地質年代区分として正式に認められるには、複数の国際的学術団体による承認が必要である。

　多少気になる点は、完新世という時代は最終氷期を経て地球の気候が温暖化してきた時期であり、それは人類が狩猟採集生活から定住農耕や牧畜生活を始めることで世界大に繁栄をとげていく時期に重なっていることである。人類が農耕時代に入り都市を形成し発展していく時期がまさに完新世の時代である。その地質年代を土台とした上で、独自の影響力が人類活動によって新たに生じている点をどう評価するかは大きな論点だと思われる。さらに影響力の内容として、とくに産業革命や科学技術文明、あるいは市場経済・資本主義・社会経済システムの創出といった人類の歴史を画する出来事をどう考えて位置づけるのかも大きな問題である。

　完新世の時代と明確に区別できる地質学的証拠としては、1950年前後を境にしていくつも生じてきた大変化（Great Acceleration）がある。証拠の筆頭に挙げられるのが核開発（核爆弾、原子力発電）によるプルトニウムなどの放射性物質であり、その他にも化石資源利用による二酸化炭素の濃度変化、成層圏のオゾン濃度減少、海洋の酸性化、地表面の大幅な改変（森林減少、農地・都市の拡大）、生物種の絶滅などが示されている。大変化のどの指標で地質時代の表記とするかも問題ではあるが、地球史あるいは生物進化の経過における人間存在をどう理解し認識するかもまた重要ではなかろうか。人間の活動を歴史的スケールで理解するには、拙著『地球文明ビジョン』で紹介した人類の活動規模を示した図が端的に表現しているのでここに再掲しておこう（図終-2）。横軸のラインは百年単位での推移を示しており、4つの指標（人口、エネルギー消費、情報量、交通）の活動規模が長年のゆっくりとした流れから急拡大する様子が一目瞭然でわかる（原図は、ノーマン・マイヤーズ「ガイアアトラス」）。たとえば人口数では、1900年時点で16億人規模が2000年で約60億人規模となり百年間に4倍近い増加をみせている。

　よりリアルな現実は、食・農・環境の視点での人間存在の姿であろう。地球表面は、約7割が海域で約3割を陸地が占めている。陸地の3分の1強が農業用

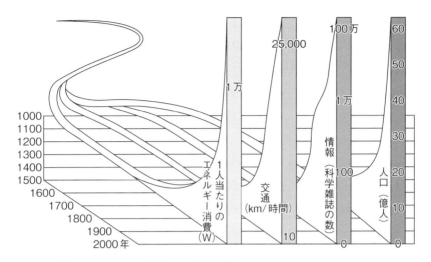

図終-2　人類の発展とエネルギーなどの変遷の歴史
（原図：西川治監修『地球ウオッチング』平凡社、1987年。出所：古沢広祐『地球文明ビジョン』日本放送出版協会、1995年、10頁を一部改変）

地として利用されており（果樹や牧草地を含む）、それ以外は森林地域と荒地（砂漠や極地）が各々約3分の1弱を占めている。森林といっても大半は人間の影響下にあり、狩猟採取、木材、燃料、紙の原料などを得る場所として利用されて、手つかずの原生林はごくわずかである。海洋もほとんどの海域は漁業として利用されており、近年では漁獲量が頭打ちとなり資源枯渇が心配されている。そして人類74億人を養う家畜として、牛が15億頭、羊が12億頭、山羊と豚が10億頭ずつ、鶏が215億羽ほど飼われている（2015年）。その数自体が動物数として驚異的である。

　私たちの日常の食生活を見てもわかるとおり、世界中の土地でつくられた食料や飼料が世界大で輸送され、加工・販売される仕組みが成立しているのである。普通の多くの生物がその生息域内で食料を獲得している状況と比較するならば、人間は地球上の全域から食料を調達している特別な存在と言うことができる。さらに図終─2に示されているように、食料以上に各種地下資源を採取して大量のエネルギーを消費しており、近年は地球大気圏を離脱して月面への進出、さらには火星など惑星間への移動まで実現させる勢いを見せている。その点では、人新世という時代が幕開けしたという見解は傾聴に値する。

# 5 地質学的議論から社会・文化・人間論へ
—— 資本新世の展開

　最近の人新世をめぐる議論と応用的展開は多岐にわたっており、地質学から生態学や環境科学を含み込む自然科学分野にとどまらず、人類学、地理学、哲学、歴史学、文化理論などの社会科学、そしてフェミニズム、人文学、ポップカルチャー、環境アートに至るまで広範な影響力を及ぼしつつある。そのなかでも注目しておきたいのは社会科学や人文科学における展開であり、人間による環境改変について、生物種レベルでの議論の枠を超えて歴史的、文化的、政治的な文脈において論じる議論が広がっている。そこでは人新世の開始を新石器時代からと見たり、産業革命を重要な契機とみる見方、そして資本主義的な社会発展と産業編成こそ画期とみる「資本新世」という造語まで提起されている状況がある。

　それらを詳細に論じる余裕はないが、ここではダナ・ハラウェイの「人新世、資本新世、植民新世、クトゥルー新世」を参考にして論をすすめたい。人新世から派生して生まれる用語に関して論じているハラウェイは、生物学から科学史・科学技術論に転じて文化批評、ジェンダー・フェミニズム論を展開する気鋭の思想家である。とくに「サイボーグ宣言」（1985年）からサイボーグ・フェミニズムの提唱者として知られ、ポスト・ヒューマンをめぐる議論にも一石を投じている（カリフォルニア州立大学サンタクルス校名誉教授）。人新世に関して比較的わかりやすいのは、価値増殖（資本蓄積）の拡大が地球全体を覆いつくす「資本新世」、工場式畜産や広大なモノカルチャー（単一栽培）がグローバル展開して未曽有の自然収奪を引きおこしていると見る「植民新世」などの問題提起だが、それに対して「クトゥルー新世」という用語はハラウェイ独特のもので解説を要する。

　ハラウェイの議論は「サイボーグ宣言」「伴侶種宣言」などで提起しているように、機械と生物のハイブリッドや動物と人間の共生系（犬、猫など伴侶種）など、境界を超えるあり方から既成の価値観や権威性を問い直し、二項対立的な枠組みを打破していく思考法に特徴がある。サイボーグの議論でも、そこに男女の性差から生／死、生物／物質、自然／文化、肉体／精神、公的／私的、テクノロ

ジー、搾取や抑圧、階級などさまざまな既成概念を超える契機として、サイボーグを論じているのである。「クトゥルー新世」のクトゥルーとは、正体のわからない怪物的生き物から空間や時間（過去・現在・未来）をまたいで活動する可変的存在といった想像概念として示されており、人新世は一種の境界的出来事ないし断絶的事態にすぎず、「クトゥルー新世」はその先を見ようとして提起されている。かなり抽象度の高い議論であり、理解しにくいところがあるが人間や生物という存在への挑戦的なあり方を追求している点として注目される。

　ハラウェイの視点は、上述したようにこれまでは当然のことだった既成概念への問い直しであり、枠組みの設定自体を変えていくことで新たな視点を獲得しようとする点に特徴がある。その点では、以下に紹介するY. N. ハラリの視点に多少とも通じるところがある。最近、世界的ベストセラーとして注目されるY. N. ハラリが提起するホモ・サピエンスからホモ・デウスへの議論について次に見ていきたい。

# 6　ホモ・デウスとは誰か──超人的な人間像

　従来の枠組みを超えようとする動きが近年とみに活発になってきた。宇宙史的な視点をふまえて人間を位置づけ直すビッグ・ヒストリーの提起や、世界史を各国の歴史からではなく広範な相互関係や総合的視点でとらえるグローバル・ヒストリーの試みが盛んになっている。これまでの項でふれたとおり、人間存在への新たな世界観の獲得は、SDGs時代だからこそ盛んになっていると思われる。そうした潮流の一つとして世界的ベストセラーとなった書籍が、ハラリの『サピエンス全史』、続編でもある『ホモ・デウス』である。著者はイスラエルのヘブライ大学で歴史学を教えている気鋭の学者だが、広範な知識を駆使し、随所に知的好奇心をくすぐるエピソード（小話）を挿入しながら、独自の視点から人類の歩みを整理して、人類の行く末を大胆に展望したのだった。詳細は、書籍に譲るとして、大きな注目点はホモ・サピエンスという存在を巨視的視点で読み解いて、かつ未来の展望を大胆に描きだした点である。

　人新世をめぐる議論とも通じるが、とくにホモ・サピエンスが地球上で特異的繁栄をとげてきた経緯について、人間中心主義の成果である点を強調しつつ、

その成果自体が人間という存在を変えてしまう可能性を明快に示した。その動向の先行きを、ポスト・ヒューマン的な存在になると見通して、全能の神を表わすラテン語のデウスをあてた用語としてホモ・デウスという造語で提示したのだった。

　人間中心主義が生み出だした多くの成果の最終的帰結として、すべての情報を掌握して操作していく能力の肥大化の極点において、ホモ・デウスが想定されている。それは、従来の自然界の遺伝的進化現象において達成されるというのではなく、人間自身が自らを修飾ないしは造り変えていく発展形態が生じると考えるのである。人間社会の営みや自然界について、次第にすべてを掌握していく高度知識・情報化社会が形成されてきた。その土台を成すのがデータの集積と高度処理であり、とくにデジタルデータが世界を変え人間をも変質させていくと見る。このデータ中心主義が高度に発展することで、より精緻な知識とデータの集積が進み、とくに人工知能の飛躍的進歩が相乗的発展をとげていく。その過程の先に出現するであろう世界では、いわば超能力を獲得していく人間存在を予想していくのだが、それはけっして楽観的未来ではなく、人間自身の存在理由を揺るがす悪夢になる可能性もあるという。

　未来の人間像の具体的な姿を描いているわけではないが、近未来的には、人間・機械系のようなサイボーグ的存在かもしれないし、ゲノム編集技術による遺伝子改変が適用された存在として出現するかもしれない。いずれにしても従来のホモ・サピエンスからは、大きく逸脱した人間存在が想定されうるとするのである。すでに現代のデジタル社会においても、若者を中心にスマホ中毒やネット依存症など深刻な症例が顕在化していることを思い浮かべれば、未来の人間のあり方としては、あながち荒唐無稽な想定ではないかもしれない。

　こうした考え方は、AI革命でのシンギュラリティ（特異点：人間の知的能力をAIが凌駕する近未来予測）やロボット技術、ゲノム編集などの技術革新（イノベーション）に期待を寄せる時代風潮とも合致するものであり、親和性が強い問題提起である。とくに経済界の重鎮の人々からは、ハラリの著作への高い評価が寄せられている。ここでは、著作内容を細かく論評しないが、こうした人類の未来史観的な視点をどう受け止めるか、とくに気になる点を指摘しておきたい。ハラリのホモ・デウスという設定は、細かい論点に入らずに全体展望

として見るならば、おこりうる近未来の予測としては興味深いものである。しかしながら、ホモ・デウスという存在自体については、実はそのまま現代社会の実相をある意味で映しだしたものとして考えるとわかりやすい。

　すなわち、現代の超人的存在としては、急速な経済のグローバル化を背景に登場しているスーパーリッチと呼ばれる人々が、ホモ・デウスそのものなのではなかろうか。オックスファムのレポート「1％のための経済」（2017年）が示した、世界トップ8人が所有する総資産額が世界人口の下から半分の貧しい人々（36億人）の総資産額に匹敵しているような状況は、それを象徴的に示している。こうしたスーパーリッチ族は、巨額の資産を土台に超一流エリートを数多く雇い入れて、世界中の情報データを集積・管理しながら、企業経営、資産運用（投資）、税金対策（タックス・ヘイブンの活用）を行ない、プライベートジェットで世界中を飛び回っている。まさにホモ・デウス的な存在そのものでなかろうか。

　このように、実世界で成功している超人的存在の姿が未来世界のビジョン像として映しだされているかにも見える。あこがれる人間像への期待としての姿（アイコン）が、象徴的存在（ホモ・デウス）として思い描かれているのである。しかしながら、シンボリックな人間像で未来世界を語るハラリのようなわかりやすい視点よりも、人間をとらえる視点としては、ハラウェイの資本新生といったような概念の延長線で考える方がより本質的ではないかと思われる。前節で人間存在を3層構造として示したが、個々の存在形態（第3層）ではなく、経済活動様式（資本の拡大増殖運動）が創りだすダイナミックな構成体（第2層）としてとらえる方が、人間存在をよりトータルにとらえているのではなかろうか。歴史的構成体として資本形成の上に、人間は存在している。その点では、資本主義の形成を世界システム論でとらえたE. ウォーラステインやD. ハーヴェイの空間論的な資本動態の認識は、人間存在をとらえる視点として重要なのである。

# 7　グローバルテクノトピアと里山・里海ルネッサンス

　ホモ・デウスに象徴される自己疎外的な状況について、すべてをデータ集合でとらえるような世界と人間存在像が、そこには映しだされていると思われる。卑近な例では、脳内の神経回路の総データをコンピュータに移し替えて不死の

存在になるイメージを語る人がいるのだが、まさにデストピア（悪夢）そのものである。人間は、生々流転する歴史形成的に生きる存在であり、不確定性を内在した不安定で自分を自分が理解できていない存在（人間存在の3層構造）であることに気づいていない。そうした考えの人間社会の未来像とは、すべてを記号化（デジタル情報）して操作可能な世界とする人間像に行きつくだろう。そうした方向性として展望される未来世界は、テクノトピアとして描きだされる世界である。

　それに対して、自然や人間を操作可能な（支配）対象物とだけとらえるのではない、相互依存の連関した共生的な世界観でとらえる考え方がある。その違いを端的に示す未来シナリオがあるので、最後に示して本書を閉じることにしよう。

　来るべく未来の社会ビジョンの想定としては，生物多様性条約の第10回名古屋会議（COP10，2010年）に出された「日本の里山・里海評価」レポート[2]において，わかりやすい概念図（4つのシナリオ）が示されている。ここでは、この図を参考に示して未来ビジョンについて考えてみよう（図終─3）。

　座標軸としては、縦軸（上下）にグローバル化とローカル化が配置され、横軸（左右）に技術活用・自然改変と適応・自然共生が配置されている。その内容を見てのとおり、未来社会のビジョンとして、4つの姿が描かれている。大きく見て、その行きつく目標が「グローバルテクノトピア」（左上）へと向かうのか、その対極に位置する「里山・里海ルネッサンス」（右下）への方向へと向かうのか、どちらの方向性を重視して私たちは未来を形成していくかが問われている。そうした未来シナリオの方向性を、この図からいろいろと想像することができるだろう。そして、人間という存在は、どちらにもなりうるきわめて可塑的で多様な可能性を内在している存在だということも、この図は示唆している。実際上は複数のシナリオが同時共存するダイナミックな展開が予想されるのだが、理解しやすい意味で対抗的に図示されていることも留意したい。

　現状は、功利主義的にすべてを操作可能な対象とする技術至上主義による「グローバルテクノトピア」へと向かう潮流にあるかに見える。そこでは、グローバルな世界都市の形成を頂点として、周辺地域が序列的に編成されていくような（中心─周辺）世界が形成されていくだろう。その頂点には、一握りのテク

〈グローバル化の進展〉

グローバルテクノトピア
・国際的な人口・労働力の移動
・大都市圏への人口集中
・貿易と経済の自由化
・集権的な統治体制の下での
　技術立国の推進
・環境改変型の技術の活用、
　人工化の志向

地球環境市民社会
・国際的な人口・労働力の移動
・地方回帰、交流人口増加
・貿易と経済の自由化、グリーン化
・集権的な統治体制の下での
　環境立国の推進
・近自然工法・技術活用、順応
　的管理の推進

〈技術活用・自然改変志向〉

←技術志向　　　　　　　　自然志向→

〈適応・自然共生志向〉

地域自立型技術社会
・大都市への人口集中
・保護主義的な貿易・経済
・技術立国を国家的に推進
・地方分権の拡大
・環境改変型の技術による対処、
　人工化の志向

里山・里海ルネッサンス
・地方回帰、交流人口増加
・保護主義的な貿易・経済
・経済や政策のグリーン化
・環境立国を国家的に推進
・地方分権の拡大
・順応的管理、伝統的知識の再評価
　（自然循環の共生社会）

〈ローカル化の進展〉

図終-3　4つのシナリオ　　　　　　　　（出所：「日本の里山・里海評価」2010に一部加筆）

ノ超エリートの出現など、競争格差社会の姿が現われてくることになる。ある種、現状の延長線として想定される世界であり、身近な例示で言えば都市国家のシンガポールや、砂漠に人工的オアシス都市が築かれているドバイ（アラブ首長国連邦中心都市）などの姿を思い浮かべることができる。

　他方の世界観は、自然や人間を（不可知の存在として）尊重する立場であり、操作対象としてだけ一方的に技術力で管理し支配する方向性とは異なる考え方である。道徳や宗教、そして多くの伝統社会が内在していたアニミズム的な世界観であり、日本的には里山・里海としてのイメージ、双方向性を契機とする共生的ダイナミズムを重視する世界観である。この考え方は、すでに第Ⅱ部や第Ⅲ部でふれた有機農業やアグロエコロジーの思想に通じるものでもある。単一的価値基準で極大化をめざす世界観（近代生産力・その延長のライフサイエンス・パラダイム）に対抗する潮流として、多様性重視の多面的価値実現の世

界観（エコロジー・パラダイム）に基づいた考え方の枠組みの提示と見ることができる。そこでは、市場競争を最優先する支配・従属的な組織形態とは異なる互酬的・協同的な組織形態が重視される。

　SDGsが実現できる世界、持続可能な社会をどう展望するのか、自然共生と循環の重視や社会的公正（対等な関係性）に基づく社会を志向するのであれば、後者の方向性を再評価すべきであろう。地域を主体として形成されていく「里山・里海ルネッサンス」的な世界観を重視する方向性について、あらためて見直すべき転換期に来ているのではなかろうか。それは昔を美化しての後戻りではない。かつて歴史的移行期におきたルネッサンス（自然回帰・文化革新運動）にたとえるべき変革である。私たちは、関係性の再構築として、地域の農山漁村が大都市に従属するような関係性を乗りこえていく方向へ、中・長期的には里山・里海ルネッサンス的な展開方向、自立的コミュニティの重視へと向かうべき時に来ている。

　皆が幸せという世界とは、誰がどこに生きていても、その場所で幸せを実現できる世界のはずである。2030アジェンダのまくら言葉、「我々の世界を変革する」の真の意味について、このような認識からパラダイム・チェンジを図っていくべき時を迎えているのである。[3]

## 注

1) アントロポセンの訳語には、人新世のほか人類世も使われており、ネット上で解説動画が公開されている。
　「ようこそ人類世へ」（日本語吹替版）：http://www.futureearth.org/asiacentre/ja/welcome-anthropocene
　参考情報としては、吉川浩満「人新世（アントロポセン）における人間とはどのような存在ですか？」2017年
　10＋1website：http://10plus1.jp/monthly/2017/01/issue-09.php
2)「日本の里山・里海評価（2010）」
　『里山・里海の生態系と人間の福利　日本の社会生態学的生産ランドスケープ―概要版―』国際連合大学東京
　http://ouik.unu.edu/wp-content/uploads/16853108_JSSA_SDM_Japanese.pdf
　（本書でのサイト最終閲覧日、2019年3月31日）
3) 本章は、オンラインジャーナル『総合人間学研究』第13号、第14号、古沢広祐の執筆論考をもとに大幅修正してまとめている。

・「総合人間学」構築のために（試論・その1）―自然界における人間存在の位置づけ
http://synthetic-anthropology.org/?page_id=1411
・「総合人間学」構築のために（試論・その2）―ホモ・サピエンスとホモ・デウス、
人新世（アントロポセン）の人間存在とは?
http://synthetic-anthropology.org/?page_id=1759

## 参考文献

青木薫『宇宙はなぜこのような宇宙なのか――人間原理と宇宙論』講談社、2013年

C. B. イェンセン「地球を考える――「人新世」における新しい学問分野の連携に向けて」
藤田周訳『現代思想』2017年12月号（特集＝人新世）、青土社

小原英雄『現代ホモサピエンスの変貌』朝日新聞社、2000年

須藤靖『不自然な宇宙　宇宙はひとつだけなのか?』講談社、2019年

D. ハーヴェイ『資本主義の終焉――資本の17の矛盾とグローバル経済の未来』作品社、
2017年

ダナ・ハラウェイ「人新世、資本新世、植民新世、クトゥルー新世」高橋さきの訳『現代思想』
2017年12月号（特集＝人新世）、青土社

ダナ・ハラウェイ『犬と人が出会うとき:異種協働のポリティクス』高橋さきの訳、青土社、
2013年

ダナ・ハラウェイ『猿と女とサイボーグ――自然の再発明』高橋さきの訳、青土社、2000
年

Y. N. ハラリ『サピエンス全史:文明の構造と人類の幸福』柴田裕之訳、河出書房新社、
2016年。同『ホモ・デウス:テクノロジーとサピエンスの未来』柴田裕之訳、河出書
房新社、2018年

廣松渉『世界の共同主観的存在構造』講談社学術文庫、1991年

古沢広祐『地球文明ビジョン』日本放送出版協会、1995年

C. ボヌイユ、J. B. フレソズ『人新世とは何か――〈地球と人類の時代〉の思想史』野坂
しおり訳、青土社、2018年

松井孝典『文明は〈見えない世界〉がつくる』岩波書店、2017年

松浦壮『時間とはなんだろう　最新物理学で探る「時」の正体』講談社、2017年

ノーマン・マイヤーズ『地球ウォッチング 50億人のためのガイアアトラス』平凡社、1987
年

ヤーコプ・フォン・ユクスキュル、ゲオルク・クリサート『生物から見た世界』日高敏隆・
野田保之訳、思索社、1973年

K. G. ユング『こころの構造』（ユング著作集3）、日本教文社、1970年

## おわりに

　本書は、「はじめに」で述べたように、1992年地球サミット後に執筆した『地球文明ビジョン』（1995年）の続編的な意味合いをもつ。さらには、筆者の最初の単行本『共生社会の論理』（1988年、博士論文の書籍版）からの問題意識を継承しての現段階での総括でもある。『共生社会の論理』は5部構成で、I マネー経済から生活（生存）経済へ、II 生命・生態系と近代技術、III 共生技術としての有機農業、IV 共生と協同のネットワーク、V エコロジー社会へのパラダイム、全12章からなっている。ある意味では、現代的諸問題の骨格が1970 〜 1980年代に出現しており、その課題の解決の道筋を追い求めて諸遍歴を経て今日に至っていることに、本書での章立て構成を見るにつけ実感したのだった。

　ふり返れば、大学入学時は学生運動隆盛期にあたり、バリケード封鎖で半年以上授業無し状態であった。そこでは自主講座運動が展開しており、現実の社会問題（当時は公害、自然破壊が深刻化）を現場に出向いて学生・教員・市民が対等に学び合う場が形成されていた。各大学での自主講座のみならず、全国各地の現場でテント合宿（2週間）する学びの場「移動大学」（KJ法と文化人類学・探検学で知られる川喜田二郎氏が主宰）も開催されており初回（1969年、長野県黒姫高原）から参加したのだった。地域住民運動からの学びとともに、実践活動として環境・農・食に関する内外の諸運動にも参加し関わることで、今で言うアクションリサーチ的な生き方が身について今日に至っている。

　本書でふれたように、戦後の日本社会の発展ぶりはその光と影の両面においてきわめて特徴的な歩みをとげてきた。その様子はグローバル化の進展とも連動しており、まさしく世界の縮図的な様相を呈したものだった。その点では今に至る人生の歩みにおいて、半世紀ほどの動向から多くの学ぶべき貴重な機会を得てきた。また時代変遷の縮図的な面のみならず、日本には古きものと超近代的な姿が混在する独特の性格を有していることについても、本書の執筆をとおして改めて再認識したことであった。

　残念ながら積み残しの課題がまだ多くあるのだが、本務校として長年勤務してきた國學院大學を2020年3月末にて定年退職する。大学業務と社会活動を両立できたこと、さらに学際的な研究に関わらせていただいたことについて、こ

こに感謝申し上げたい。とくにこの10年ほどは、学部を超えた学際研究として共存学研究プロジェクトのリーダーを勤めさせていただいた。お陰様で、学部を超えた諸先生方から学ぶ機会を得たこと、そしてローカルからグローバルまで多面的な研究を行なうことで貴重な経験をさせていただいた。長年、「共生」というキーワードで研究を続けてきたのだが、その一歩手前の「共存」という多義的なあり方に気づかされ、世界を観る視野を広げることができた。関連書籍として、共編著『共存学1～4』、単著『みんな幸せってどんな世界　共存学のすすめ』が刊行されているので、ご関心ある方はぜひご一読願いたい。

　個人的体験としては、反公害・自然保護の住民運動、有機農業・協同組合・エコロジー・国際協力などの諸運動に関わる過程で、多くの学びの機会を得たことに感謝したい。また還暦の時期に大病（脊髄腫瘍）を患い、大手術（寝たきりか車椅子生活を予感）で回復した経験も世界観を改める契機となった。回復後の人生を歩めたこと、そして心配をかけた家族や友人たちに対して、心から感謝申し上げたい。

　最後になるが、本書の刊行に関して國學院大學出版助成（乙）の支援を受けたことを明記するとともに、ここに改めて深く感謝の意を表したい。

　2020年1月

古沢広祐

著者略歴

# 古沢 広祐 (ふるさわ・こうゆう)

1950年東京生まれ。1974年大阪大学理学部生物学科卒業。
京都大学大学院農学研究科博士課程（農林経済）研究指導認定、農学博士。
1996年より國學院大學経済学部（経済ネットワーキング学科）教授。
米国カリフォルニア大学バークレー校にて客員研究（2000年9月〜2002年3月）。
専門分野は、環境社会経済学、農業経済学、総合人間学、持続可能社会論。
社会活動として（特活）「環境・持続社会」研究センター（JACSES）代表理事など。

〈単著〉
『みんな幸せってどんな世界——共存学のすすめ』（ほんの木、2018年）
『食べるってどんなこと？——あなたと考えたい命のつながりあい』（平凡社、2017年）
『地球文明ビジョン——環境が語る脱成長社会』（NHKブックス、1995年）
『共生時代の食と農——生産者と消費者を結ぶ』（家の光協会、1995年）
『共生社会の論理——いのちと暮らしの社会経済学』（学陽書房、1988年）

〈共著・共編著〉
『SDGs時代のグローバル開発協力論』（明石書店、2019年）
『環境と共生する「農」』（ミネルヴァ書房、2015年）
『共存学1・2・3・4』（弘文堂、2012〜2017年）
『共生社会I・II』（農林統計出版、2016年）など。

## 食・農・環境とSDGs
### ──持続可能な社会のトータルビジョン

2020年2月28日　第1刷発行

著者　古沢　広祐

発行所　一般社団法人　農山漁村文化協会
〒107-8668　東京都港区赤坂7丁目6‐1
電話　03(3585)1142 (営業)　　03(3585)1145 (編集)
FAX　03(3585)3668　　　振替　00120‐3‐144478
URL　http://www.ruralnet.or.jp/

ISBN 978-4-540-19209-8　　DTP製作／㈱農文協プロダクション
〈検印廃止〉　　　　　　　印刷・製本／凸版印刷㈱
©古沢広祐 2020
Printed in Japan　　　　　　　定価はカバーに表示
乱丁・落丁本はお取り替えいたします。

## 図解でわかる

# 田園回帰1%戦略

島根県での小学校区・公民館区での詳細な人口分析をもとに、地方消滅論に反証を挙げて大きな話題を呼んだ「1%戦略」。そのポイントを、3つのキーワードに沿って詳解。地域人口を安定化させ、食とエネルギーを軸に、地域にお金と仕事が回る仕組みをつくる手順を、豊富な実例をもとに示す。

**全3巻**

藤山 浩 編著
各 2,600 円＋税

# 「循環型経済」をつくる

B5 判並製 132 頁（カラー 64 頁）

「過疎対策のバイブル」と評された『田園回帰1%戦略』（2015 年、農文協）の図解編第1弾。家計調査をベースに、食料品や燃料などの地域内消費・生産を増やし、お金のだだ漏れを防ぐことで、新たな仕事を生み出す戦略を明快に示す。

# 「地域人口ビジョン」をつくる

B5 判並製 140 頁（カラー 64 頁）

県境や離島など条件不利とみえる地域で 30 代女性の人口を増やした地域があるのはなぜか。全国の過疎指定市町村の詳細な人口分析データを公開。市町村や地区ごとの人口や介護の現状分析と戦略づくりを、実例をもとに詳細に解説する。

# 「小さな拠点」をつくる

B5 判並製 128 頁（カラー 64 頁）

人口減少に直面している地域で、複数の集落がネットワークをつくり、住民が必要な生活サービスを受けられるような施設や機能を集約する拠点を、住民自身がつくる手順とポイントを、全国の豊富な事例をもとに示す。

（価格は改定になることがあります。）

# 三澤勝衛 著作集 (全4巻)

地域の自然と歴史に秘められた力=「風土」の発見とそれを生かした「風土産業」「風土生活」「郷土教育」を提唱し、その手法を豊富な事例とともに示す。現代の地域づくり・教育創造に豊かな着想をもたらしてくれる。

## 1 地域個性と地域力の探求

A5判上製 384頁　6,500円+税

地域振興・産業起こしでも人々の生活でも、いきいきと展開するには必ず根底に「地域力」があり「地域自然の威力」が働いていなければならない。その発見と認識のための観察指標と具体的方法を調査事例とともに示す。

## 2 地域からの教育創造

A5判上製 448頁　8,000円+税

「自然の力と人間の営み」の探究による、魂にふれる体験と、ものごとを深く考える経験が、世界のなかの地域と自分の発見と、創造的な関わりにつながる。真の体験と知育を結合した「知識は力」となる教育を提案。

## 3 風土産業

A5判上製 342頁　6,500円+税

地域地域の風土の探求・発見と、自然の偉大な力を生かす地域人の知恵を明らかにし、風土を生かした循環型の産業=風土産業と暮らし=風土生活、さらに「自然征服から自然順応へ」を基本にすえた災害や土地改良を提案。

## 4 暮らしと景観

A5判上製 412頁　7,000円+税

「風土」を生かした個性的で心通い合う「風土生活」、産業・暮らし・自然と一体化した景観形成など、魅力ある地域つくりをアドバイス。三澤の風土思想をどう受け止めるか各界で活躍する18氏の発言も収録。

（価格は改定になることがあります。）